新华新媒体
研究系列丛书

IP，颠覆电视？

龙 奔◎著

人民出版社

责任编辑：陈鹏鸣　周　澜　徐　芳
封面设计：北京市仁爱教育研究所

图书在版编目（CIP）数据

　IP，颠覆电视？／龙奔著. － 北京：人民出版社，
2012.7
　（新华新媒体研究系列丛书／李从军主编）
　ISBN 978 － 7 － 01 － 011040 － 0

　Ⅰ．①I… Ⅱ．①龙… Ⅲ．①宽带 IP 网 Ⅳ．
①TN915

中国版本图书馆 CIP 数据核字（2012）第 153569 号

IP，颠覆电视？

IP, DIANFU DIANSHI？

龙　奔　著

人民出版社 出版发行

（100706　北京朝阳门内大街 166 号）

北京中科印刷有限公司印刷　新华书店经销
2012 年 7 月第 1 版　2012 年 7 月北京第 1 次印刷
开本：787 毫米×1092 毫米　1/16　印张：12.5
字数：310 千字

ISBN 978 － 7 － 01 － 011040 － 0　定价：29.00 元

邮购地址　100706　北京朝阳门内大街 166 号
人民东方图书销售中心　电话（010）65250042　65289539

认识和把握新媒体发展带来的挑战与机遇
（总序）

李从军

进入二十一世纪以来，在以数字技术、网络技术为核心的信息传播技术的推动下，新媒体发展日新月异，媒介融合愈演愈烈，正在引发新闻信息生产和传播方式的重大演变，导致各国乃至世界范围内传媒格局的重大变革，并且对全球政治、经济和社会发展产生重大影响。

新媒体的迅猛发展打破了传媒机构对新闻信息传播的垄断，使得传播的主体更加多元。由于手机等信息网络移动终端以及各种社会化媒体的功能越来越先进，操作越来越简易便捷，不但极大地提升了信息传播的速度和广度，丰富了信息传播内容，而且对传统媒体机构的信息传播带来了挑战，也使社会舆论变得更加多元，增加了舆论传播的复杂性。

新媒体的发展及其带来的变化无疑将对传统媒体带来全方位的冲击。首先，传统媒体的主体市场地位受到影响。由于新媒体的崛起及其具有的独特优势，越来越多的受众从传统媒体流向新媒体。在一些发达国家，传统媒体已经呈现日益衰落迹象。其次，传统媒体的新闻信息生产方式受到影响。受众接收新闻信息行为习惯的改变，对传统媒体提供的新闻信息提出了全新的要求，原有的新闻信息内容结构、呈现方式和传播手段已经不能满足受众需求。新闻信息的采集、加工、发布方式必须加以改革才能适应形势发展。

面对这样的变化，传统媒体像过去那样依靠单一产品（业务）、单一市场、单一商业模式显然已经不能适应新的竞争环境，但要改变传统的经营方式却又面临观念、体制机制和人才资源等因素的制约，因此，求生存、谋发展面临空前的压力。但同时，对传统媒体来说，新媒体的发展也意味着新的机遇和可能，它为传统媒体改善现有业务、开发新兴业务、扩大受众范围、拓展市场空间等提供了新的手段、平台和途径。

IP，颠覆电视？

在这样的大背景下，全球传媒业生存环境和竞争格局正在发生前所未有的深刻变化。随着世界多极化、经济全球化深入发展，特别是受国际金融危机的冲击，许多发达国家媒体发展速度放慢甚至出现运营危机，一些全球性媒体机构收缩调整业务，多家著名报刊被出售或停刊，不同国家、不同地区、不同形态的媒体之间整合重组愈发剧烈，世界范围内媒体机构实力此消彼长。世界各地媒体机构特别是国际一流传媒集团都在想方设法积极应对国际传媒格局调整，在组织架构、技术支撑、产品形态、传播载体、网络布局、品牌建设、市场推广等方面加大改革创新力度，力图进一步壮大实力，拓展业务和市场空间。传统媒体与新兴媒体在相互竞争的同时加快相互融合、逐步实现多元化共同发展，传媒业与其他行业的交流合作与渗透融合不断深化，跨媒介、跨产业融合的全球传播新格局正在逐步形成。

媒体机构要想在新的竞争环境和传媒格局中生存和发展，就必须积极应对和准确把握新媒体发展带来的挑战和机遇，顺应信息传播技术的新发展，顺应当代新闻信息传播的新变化，顺应媒介融合的新趋势，顺应公众和传媒市场的新需求，充分运用世界最先进的传播技术和手段，改造传统媒体业务，建设新的业态，抢占新兴媒体市场，拓宽传播渠道，提升产品和服务质量，增强权威性和公信力，创新传播载体手段和方式，不断提高传播能力和市场影响力，实现事业科学发展。

正是基于这样的认识，为了更好地适应数字化时代新闻信息传播发展趋势，不断提升新闻传播力、舆论引导力、市场竞争力和国际影响力，新华社近几年来实施了以"三个拓展"为重点的战略转型：

一是由传统新闻产品生产为主向现代多媒体新闻信息业态拓展。信息技术的迅猛发展，使多媒体新闻信息传播成为可能并逐渐形成强势，多元化的传播渠道对新闻信息产品提出了新的更高要求。如今，多媒体经营、不同媒体形态相互融合与拓展，已经成为世界媒体发展的大趋势，国际知名媒体机构一般都拥有报纸、广播、电视、网络等现代多媒体传播业态。要在激烈的新闻竞争中胜出，就必须转变传统的新闻信息产品生产观念，调整生产和传播模式，将多媒体运行理念和操作模式运用到新闻信息产品生产的全过程，积极运用新技术，创新内容、形式、方法和手段，加快建立多媒体新闻信息业态。

二是由面向媒体为主向直接面向终端受众拓展。在资讯高度发达、传播方式日趋多样化的今天，通讯社单一的向媒体供稿方式越来越不适应形势和现实的要求，迫切需要产品更多地直接面向终端受众。拓展直接面向终端受众的传播渠道和传播载体，是提高核心竞争力的必由之路。因此，要进一步创新思路，通过多种有效载体和传播途径，使报道、产品和业务尽可能更多地直接面向受众，直接服务受众，直接影响受众。

三是由立足国内为主向有重点地更大范围参与国际竞争拓展。长期以来，国际舆论竞争中"西强我弱"的总体态势没有得到根本转变，西方几大主要媒体几乎垄断了世界的新闻信息发布，他们从自身意识形态和价值观出发，制订标准，设立规则，控制国际舆论，影响世界受众。打破西方媒体垄断格局和话语霸权，努力构建国际舆论新秩序，已经成为一项十分紧迫的重大现实任务和战略课题。作为国家通讯社，新华社必须以更加积极主动的姿态，在更大范围参与竞争，努力抢夺在国际舆论体系中的话语权，不断增强国际影响力。

实施战略转型的目的是将新华社建设成为世界性现代国家通讯社和国际一流的现代全媒体机构。80 年来，新华社不断拓展媒体业态，从过去以传统通讯社业务为主，发展到目前融通讯社业务、报刊业务、网络业务、新媒体业务、电视业务、金融信息业务和多媒体数据库业务为一体的全媒体业务形态，为提升传播力和影响力、更加有效地参与全球媒体竞争奠定了坚实基础。

一家媒体是否算得上真正的全媒体机构，可以从内容形态、媒介形态、产业形态和组织形态四个方面去考察。内容形态是指拥有全球性文字、图片、音视频、网络、新媒体、财经资讯等多媒体内容采编播发能力；媒介形态是指拥有以信息网络数字先进技术为支撑的、面向国际国内各类受众的现代新闻信息传播媒介、载体的终端；产业形态是指拥有通过资本化、公司化、市场化运作，广泛覆盖国际国内市场的各类新闻信息产品，并形成较为完善的产业链，以及若干支撑事业发展的支柱性产业和产业园区；组织形态是指拥有若干个媒体集群及公司的集团化组织架构、跨国跨地区的国际化机构、与现代传媒生产相适应的集约化管理体系。这四种形态构成有机统一体，缺一不可。要建设国际一流的现代全媒体机构，就必须始终不懈地在创新、完善、发展这四种形态上下功夫。

IP，颠覆电视？

在传媒格局发生巨变的形势下，建设国际一流全媒体机构不但是一项重要而迫切的任务，也是一项极其艰巨和复杂的工程。在这个过程中，将面临很多从未遇到过的新情况、新问题，仅凭以往的知识积累和工作经验，将无法适应发展的新需要，无法解决实践的新问题。因此，必须结合形势发展和工作实际，自觉学习战略转型所需的各方面知识和技能，加快知识更新，优化知识结构，通过培养世界眼光，增强战略思维，提高综合素质，把握新趋势、破解新难题、实现新发展。

这正是我们编辑出版《新华新媒体研究系列丛书》的动因和初衷。希望这套丛书有助于大家对新媒体的理论与实践有更系统、更深入的了解，有助于传媒业界和学界人士开阔视野、拓宽思路，有助于我国传媒业的发展和研究。

作为编委会主任，我对这套丛书的诸位作者以及所有为丛书出版付出心血和辛劳的人致以衷心的谢意。

（作者系新华通讯社社长）

目　录

第一章　见证中国 IPTV

1.1　什么是 IPTV？

从露天电影的集体狂欢，到万人空巷的早期央视春晚，人们的娱乐中心已经转移到了电视机前。虽然人们看电视的热度在逐年降低，但如果真的少了电视，这个家似乎就少了一份温情，多了一份冷清。

无疑，看电视已经成为家家户户不可或缺的娱乐方式、休闲方式。这两年，连到 K 厅抢麦都变得老土了，"宅"正演变为一种不止属于年轻人的时尚；虽然一度受到以电脑为载体的前倾文化的强烈冲击，最近以电视机为代表的后仰文化又大有重新抬头之势。而在沙发文化、后仰文化所塑造的情境中，电视的收看方式也就成为影响家庭娱乐生活的关键。

2005 年 4 月，原 UT 斯达康中国公司董事长兼 CEO 吴鹰在接受《经济观察报》记者采访时说："IPTV 可以在时间上和频道上解放人类……这是一个革命性的变化，也是颠覆性的技术，绝对会带来人们看电视方式的转变……但这种颠覆并不是对电视的冲击，而是一个巨大的机会。"继小灵通创造奇迹之后，IPTV 已经成为他力图再造辉煌的最大关注点。

2006 年 10 月，SMG 总裁黎瑞刚在北京大学演讲，主题振聋发聩：《颠覆电视》。他在演讲中重点演示了 IPTV，引起学子们的强烈兴趣。

他在演讲中说："IPTV 有点播功能有时移功能，是解放了你的时间，以往观众看电视，最痛苦是被电视的时间牵着，新闻联播只能七点钟看，IPTV 解放你的时间，九点钟回去以后，把七点钟的节目调出来看，昨天播了电视连续剧你没看到，今天晚上有空可以调出来看。这个解放了你的时间。对于现代人来说，最重要的是时间，时间意味着金钱、机会。"

他在演讲最后呼吁："所有的机遇只是刚刚开始，革命的前夜刚刚到来，巨大的革命还在后面，面对这样的发现年代，我觉得对所有的电视从业人来说，需要创新的激情，需要冒险的勇气，同时需要前瞻性的眼光，看得更远，看得更辽阔，同时要务实。"

正是在黎瑞刚总裁的直接推动下，上海文广新闻传媒集团于 2005 年获得了中国首张 IPTV 全国牌照，并与中国电信、中国网通达成框架性协议，在全国范围内选点运营。

IP，颠覆电视？

这几年，上海文广百视通主打的 IPTV 宣传口号是"电视新看法"，即观看电视的新方式。

图　SMG 总裁黎瑞刚在北京大学作《颠覆电视》的演讲。

那么，什么是 IPTV？

业界过去一直存在多种 IPTV 的定义，运营商、设备商、内容提供商、标准组织都有自己的版本，各有各的角度，各有各的侧重点，各有各的阶段性。直到 2006 年 7 月，ITU－T 第一次会议给出了一个全球范围认可的统一的定义。

根据当时的媒体报道，IPTV 被 ITU－T（国际电信联盟远程通信标准化组）定义为在基于 IP 的网络上分发如电视、视频音频、文字、图形和数据的多媒体业务，具有高水平的安全性、交互性和灵活性。根据定义，IPTV 应包含几个方面的内容：

IPTV 是一种多媒体的业务，电视、视频、语音、文本、图像、数据等业务都是 IPTV 的表现形式；

IPTV 承载在 IP 网络上，此 IP 网络是一个可管理的网络，能够提供所需要的服务质量、质量体验、安全性、可交互性和可靠性等级；

IPTV 能够利用 NGN 网络提供，即 IPTV 业务可以利用现有的系统提供，也可以利用 NGN 网络来提供；

IPTV 是一个双向的网络，能够提供实时和非实时的业务。

在欧美，电脑、电视机两种终端的 IPTV 都有；在中国大陆，目前绝大部分是以电视机为终端的 IPTV，只有极少量放在电脑上的软终端。

从目前国内 IPTV 的业务形态来看，IPTV 则通常被业内概括描述为：

以 IP 机顶盒作为实现交互的连接载体，以电视机作为主要显示终端，以遥控器作为主要输入设备，以安全传送并具有质量保证的电信 IP 宽带网络作为主要传输通道，提供可控、可管的视频和多媒体应用融合的服务。

目前，电信、联通企业在各地推出的"ITV"、"IP 电视"、"宽带电视"，叫法比较乱，但只要符合上述定义，就是 IPTV。

多做几个比较或许有助于感知什么是 IPTV。

与传统电视相比，IPTV 让用户能够随意选择感兴趣的节目，可以打破时间限制。而传统电视是单向广播，用户无法主动选择，只能被动接受。

与一般互联网视频相比，IPTV 是一种可管理的、有质量安全保证的多媒体业务，而互联网上的多数流媒体应用不可控不可管、没有质量和安全的保证。

与双向改造前的数字电视相比，IPTV 具有先天的交互优势，可灵活采用广播、组播、单播多种发布方式，可供用户随时选择的节目更丰富，而且转播不受地域限制。

与目前管控下的互联网电视相比，IPTV 最相近，尤其与机顶盒形态最像。区别在于传输，IPTV 基于电信专网，互联网电视基于公网。

用户在新装 IPTV 时感触最深的是：在传统电视上，各个电视频道的黄金时间大体相似，看了这个频道的节目就会耽误看另一个频道的节目，而 IPTV 就完全突破了这个瓶颈，看完这个频道的直播，可以看另一个频道的回看，选择余地更大，不必担心漏看。

由于电脑和电视的用户结构、用户习惯是不同的，为了把问题讲清讲透，本书所介绍的 IPTV 只限于中国大陆以电视机为终端的 IPTV，其业务形态是"电视机 + 机顶盒 + IP 宽带"。这也是目前中国大陆 IPTV 的主要形态。

1.2　亲历者的感言

虽然本书算不上中国第一本关于 IPTV 的理论书，但却是中国第一本见证国内 IPTV 实际运营的书。已经出过的书主要是从理论的角度介绍 IPTV 的技术解决方案和模式探索，本书则是通过第一手资料对 IPTV 产品、运营和竞争进行实战分析，力图提供整体运营解决方案。也许，从作者亲身经历、亲眼所见的切身感受中，读者们可以先对中国 IPTV 有一个更为真切的了解。

争议中的成长

做了 IPTV 之后，在朋友中听到的几乎是一边倒的声音：不看好。而 IPTV 就是在这业内业外不断泼来的冷水中火起来的。

2007 年 4 月的一天，一名大胡子先生径直走进我的办公室，开口即问："你就是刚来的龙奔?"我连忙起身握手。这位看着很眼熟却并不认识的先生说："我是吴鹰。"当时我相当意外，刚刚加盟上海文广百视通没多久，没想到却在自己办公室里碰到了这位赫赫有名的小灵通之父，只不过在这个时候，他已经把主要精力倾注到了 IPTV 业务上。

在接下来的交谈中，我深切感受到了吴鹰先生对 IPTV 迅速突破的急迫心情，深切感受到了他对内容产品提升所寄予的殷切厚望。那段时间，媒体一直在传递这样一个信息：这位曾靠小灵通创造奇迹的企业家，很想借 IPTV 的突破重振 UT 斯达康的辉煌。

之后的 5 月份，我到北京向吴总介绍完刚刚构想好的"IPTV 中长期发展规划"后，他在赞许之余，亲自开车把我送回了宾馆。这不仅让我感受到了这位传奇人物的人格魅力，更让我感受到了带有历史使命感的动力和压力。

还有黎瑞刚总裁。我刚来第二天就碰到了这位思维敏锐、宽厚谦和的 SMG 当家人，他说："节目是最容易被挑毛病的，有七嘴八舌很正常。关键是，IPTV 不同于传统电视，也不同于互联网，一定要走出自己的路子来，让用户满意。"

图　原 UT 斯达康中国公司董事长吴鹰。

面对这两位行业领军人物的期待，我暗暗把自己的定位从职业打工者变成了事业打工者，所以我不能不每天工作十几个小时，不能不坚持事实原则和专业原则。在我这个年龄，很容易因为职业生存的需要去回避矛盾，但我觉得如果过于保全自己对不起这份事业。

遗憾的是，刚认识吴鹰先生仅仅两个月，就听到了他从 UT 斯达康离职的消息。不过，离任后的吴鹰先生并没有离开 IPTV，他仍在继续调动自己的资源去推动 IPTV 的发展。可惜的是，行动最早的 UT 斯达康没能及时抓住 IPTV 爆发的最好机会，反而让中兴、华为乘虚而入。

而我则幸运得多，在加盟上海文广近三年的时间里，有幸与同事们一起，在直接参与中见证了百视通的 IPTV 用户规模从一个不起眼的数字，迅猛增长，领先全球。到我离职时，家庭用户数量已是刚加盟时的十二倍。

很多人对这个用户规模的水分质疑，但收视增长的事实已经说明了背后的本质。在这个过程中，面对宽带捆绑销售力度加大、用户泡沫成分容易扩大的情况，百视通 IPTV 的收视率稳中有升，每年至少增加 10%；全国平均开机率也在 62% 左右日趋稳定下来，个别驻地上升明显，尤其是捆绑力度最大的上海，开机率在我刚加盟时只有 35％，在我离职时已经上升到 60％。

IPTV 的基本产品形态也在这段时间基本奠定下来。

吴鹰先生看对了，至少对一个时间段内的 IPTV 发展看对了。在 SMG、电信和清华同方的努力下，IPTV 的市场迅速起来了，百视通也从一个几十人的小团队，成长为投资者争相分一杯羹的好公司。UT 斯达康也重新向三网融合发力，并在 2010 年国际通信展上显示了进入广电网圈地的雄心。

我离职两年后，百视通于 2011 年底借壳上市，为 IPTV 更大规模的扩张创造了条件。

纠结中的突破

真正了解 IPTV，是从亲身做了 IPTV 之后开始的。

这个了解，既包括作为深度用户对 IPTV 产品的真切体验，也包括作为从业者对政策环境、运营环境、平台特点的实际认识。

同事们经常开玩笑说：我们做了一件世界上最难的事情。

我离职之后，《新世纪》周刊在一篇关于三网融合的报道中开篇第一句即引用了我说的两个字："纠结"。

IPTV 的运营模式是 B→B→C 或者（B＋B）→C 的模式，不是直接面向用户的模式。这个模式是个双刃剑，一方面造就了 IPTV 今天的规模，另一方面也给 IPTV 的技术开发、产品运营、市场运营带来了常人难以想象的复杂困难，并给其中任何一个"B"埋下了失足倒塌的危险伏笔。

曾经做过互联网，再来从事 IPTV 之后，实在感慨良多。互联网在很多方面令 IPTV 羡慕，没那么多干扰和羁绊，可以专注，可以直接，只要找准了用户需求、行业需求，可以在最快的时间里进行调整和完善，有了好的东西，也可以迅速在网民中传播开来，产生效应。而 IPTV 则是环环相扣，交叉制约，"B"和"B"只能相互依赖才能发挥作用，每一个"B"都不能完全自控，每前进一步都是步履维艰，无法快速而直接地呼应用户、占领市场。IPTV 是在博弈中艰难突围的，既有广电和电信的博弈、IPTV 和数字电视的博弈，也有自身链条中牌照商、网络运营商、设备提供商之间的相互博弈。

最先让我感到推进不顺的是从技术开发到实际部署的流程，比互联网要复杂和缓慢得多。一个需求从业务部门提出之后，并不是技术部门可以完全主宰的，除了在公司内部反复论证外，还要在底层支撑、系统兼容等方面向UT、中兴、华为征询意见，有些需求也只能完全交给厂商开发，只要有一个厂商不支持，就会影响到整体开发计划；开发出来之后并不能马上部署，还要就运营环境、运营策略、设备匹配等方面向各地运营商征询意见，只要有一个地方的运营商不同意，就无法全面部署，只能在各地分头突破，导致平台混乱。有些需求在网站两个月就能实现，在 IPTV 可能要两到三年。我刚加盟时就提出的一些构想和应用，比如行为关联、播出中即时互动等，直到离职后仍未看到实现；我在任时参与设计的 09 版 EPG、新闻中心新版等，只部署了几个驻地，直到离职后才在剩下的驻地中部署完毕。

最大的"纠结"是市场开拓、市场运营中的"纠结"。大家常说做 IPTV 有政策风险，其实政策是明确的，关键是背后的利益纷争，在这个纷争中，政策成了一个可以进行策略性打人的"秤砣"。应该说，没有电信这个合作伙伴，就没有上海文广 IPTV 的今天，电信的规模推广能力足以让 IPTV 由弱变强。不过，同电信的合作也让上海文广百视通的身份变得复杂起来。一方面，在各地广电的眼中，同是广电系的上海文广是个"叛徒"，是借助电信专网，到别人的势力范围内抢钱、抢粮、抢地盘的"侵略者"，面对外来者，各种手段的保家护乡行动在所难免；另一方面，在电信等运营商的眼中，上海文广只是到达对岸前必须乘坐的一艘船，那个牌照是一张会过期的船票，毕竟 IPTV 用的是电信专网，实际的市场运营主体也是电信，电信似乎有理由认为自己才是这个平台的主人。面对复杂的环境，上海文广百视通内部奉行的风格是："鬼子进村，抢钱的干活，打枪的不要。"记者们可能想不到，百视通对外公布的用户数一直低于实际的用户数。其实，从 2009 年初它的用户规模就已经超过法国电信了，但从来不对外讲。这种低调也是本人在从事 IPTV 期间在传媒界基本消失的原因。

对用户的感知也存在"纠结"，只不过这个"纠结"是可以独立靠正确方法化解的。以用户为导向并不是一件简单的事情，大凡提意见的都打着用户的旗号。潜在用户和现有用户之间存在偏差，去开户的关键人和观看时间长的使用人并不完全一致，合作伙伴的声音并不完全代表最终用户，职业人员的出于职业需要的使用也容易缺乏深度用户的真实体验，对用户的调研也容易受调研场景对受访对象心理的影响。这就需要我们由表及里，去伪存真，分清哪些是表面的，哪些是本质的，避免被少数人的拍脑袋替代了整体真相，需要我们用数据说话，而且科学地利用数据。比如，在用户中，老年人的使用时间肯定是最长的，他们白天在家，永远比上班族有时间，但是，装了别的电视老年人就不看了吗？换作传统电视、数字电视，他们的观看时长依然是最长的，老年人并不一定是最需要 IPTV 的用户。因此，我们要想准确把握用户，可能要经常问两个问题：一、用户真正需要的是什么样的 IPTV？二、IPTV 的真正用户是什么样的人？

IPTV 在这种种"纠结"中突破出来，的的确确很不容易。博弈中的各方，都渐渐学会了共赢共荣，学会了求同存异，学会了以退为进。一块好地，不能任其荒废下去，不能自己不种又不让别人种，时代不同了，谁说地主们不可以联营？谁说竞争不可以把市场共同做大？

作者参加 2009 年杭州动漫展时在百视通的 IPTV 展台前。

挑战中的蜕变

IPTV 以每年增长 100% 的速度发展起来了，却也进入了混战不断的战国时代。

此前 IPTV 之所以能够独领风骚，是因为在交互电视中缺少能与之抗衡的竞争对手。

现在这个局面结束了，原来的很多隐形对手已经浮出水面，成为显性对手。原来动作不大的显性对手已经开始发力。

首先是数字交互电视。在广电总局的力推下，有线电视网的双向化改造正紧锣密鼓地限期进行，NGB（下一代广播电视网）也高调启动。数字电视产品长得与 IPTV 越来越像，HBO 等境外强势节目进入了数字电视平台，超强互动的 NGB 更有赶超之势，即便早期出现的 NVOD（准点播），也有可能在找到适合 PPV 的强势内容产品后，短期借助用户覆盖能力蚕食 IPTV。

而广电网的升级改造，无疑会受到政策"秤砣"的策略性保护。广电总局从来没有说过彻底禁止基于电信专网的 IPTV，而只是给广电网的发展留出"时间差"。在我离职后不久就发生了两起严厉的整顿事件，先是广西 IPTV 被叫停，接着 41 号文发出，严令要求所有未经批准的地区限期停止 IPTV 业务，打出从未有过的重拳。有声音批评广电搞垄断，而广电自己却说要避免将来被财大气粗的电信垄断，这未尝没有道理。

其次是互联网电视。从用户点播节目等交互体验看，互联网电视与 IPTV 似乎没有太大差别，但是，互联网电视的运营模式却有可能对目前国内 IPTV 的主营模式产生颠覆。用户不再需要到电信营业厅缴费开户，不再需要安装人员到家里去安装调试，只要把互联网电视买回家，插上网线或连接无线宽带即可使用，比 IPTV 既省钱又方便，但对于 IPTV 已成规模的上海文广百视通来说就比较尴尬——如果互联网电视做好了，有可能在一定程度上冲击 IPTV 业务，如果自己没做好，而别人做好了，同样也会冲击。虽然广电总局把互联网电视变成了象 IPTV 一样可控的电视，在一定时期内不会轻易放开，厂商也在各方的扯皮中磨合，但从长远看，互联网电视成为电视机标配这个趋势难以阻挡，总局对内容集成商的限制也会根据时机逐步放开。

第三是一些视频网站在政策监管下为了"曲线救国"而做的盒子。在广电总局发放互联网电视牌照之后，原来准备好在电视机上大展拳脚的视频网站失去了资格，但又很不甘心，于是为了绕开政策障碍打起了盒子的主意。这些盒子大多称为"网络高清播放器"，用户只要用一根网线把电视机和盒子连起来，或者连接到无线宽带，就可以享受到互联网上的海量影视资源，或者下载播放，或者在线播放，还可以搜索。2011年7月中旬，广电"喊停"互联网电视机顶盒形态，要求在试点城市由广电部门另行组织。这个"喊停"只是"暂停"，不是"消灭"，广电是要把这一形态纳入审批，取得控制权，留出时间差。而且盒子在市场上很难被监管，实际上仍会有一大半处于灰色地带，加上内容源也更加丰富灵活，所以对IPTV也会形成一股冲击的暗流。

另外，如今的网络条件大大改善，网络视频质量大大提高，与几年前不可同日而语。在这种情况下，一些两口之家和单身家庭，有可能会选择原本面向个人的电脑一体机，当作电视机来看影视。这也会或多或少地影响IPTV。

当用户面对更加多元化的选择之后，成长起来的IPTV不得不迎接更多、更大的挑战，不得不在更加充分的竞争环境中承担更大的风险。

竞争有风险，竞争是好事。虽然竞争中不可避免地带来资源重置，但竞争可以让市场做大，让行业做大。需要强调的是，我们欢迎竞争中的前进，不欢迎争吵中的消停。

在这个竞争中，上海文广已经被称作广电的"叛徒"，而我本人也有可能成为IPTV的"叛徒"，更确切地说，我有可能从一个公司的打工者变成整个交互电视行业的打工者。

在撰写本书第七章"中国IPTV的竞争格局"时，作者再次感受到了IPTV的历史使命。希望IPTV能够大度而坚强。

在这里，真诚感谢张大钟、李怀宇等领导提供的机会，感谢百视通所有同事的支持。是他们的并肩战斗，让我有了一段难忘的经历。

在这里，我也特别感谢一下流媒体网CEO张彦翔（灯少）的大力支持。在本书的写作过程中，灯少为我提供了丰富的资料，本书中的"中国IPTV大事记"、最新IPTV用户规模、牌照分类的要求等内容，均得益于他和流媒体网的汇总；平时的思想碰撞，也使我获得很多启发。虽然一些看法不尽一致，但应该说，如果没有灯少的帮助，这本书不可能完成得这么顺利。

另外，需要说明的是，本书最初交稿的时间是2010年7月底，由于种种原因出版推迟。期间发生了很多三网融合的大事，作者虽然也做了一些简单的补充修订，但仍存在个别不合适的说法，敬请读者谅解。

附 2008 年 5 月百视通内刊上的作者文章：

说说新媒体内容团队

说真的，很感谢我们的内容团队。

我们是一个媒体，但又是不同一般的媒体。不懂内容肯定是不行的，但光懂内容又是不够的。这就给我们的内容团队带来很大的挑战。

做内容是有共同规律的：无论是大众，还是分众，对内容的兴趣点、兴奋点、心理活动过程，都有相应的需求类型。如果不能把合适的内容送给合适的人看，与用户的"恋爱"就会失败。

做 IPTV 的内容又有特殊的要求：正因为原创少、集成多，所以我们的编辑需要懂更多的内容，虽然目前不如传统媒体风光，但需要编辑具备比较选择的更高的眼光。正因为 IPTV 是新兴媒体，所以编辑要明白哪些内容更能适合"电视新看法"，哪些内容更能发挥 IPTV 特殊收看方式的优势，还要研究 IPTV 节目背后的特有组织逻辑和呈现方式。正因为我们的媒体是公司化运作，所以自控性不如传统媒体强，需要配合，需要对接，有时候会感觉很累，影响成就感，但这种配合和对接恰是 21 世纪人才所需要的素质，我们有幸在这里磨炼了……

在多重要求下，在没有前人铺垫的情况下，我们的内容团队做到目前这个程度，不容易，所以我感谢。

我们的内容团队是很年轻的，一方面很单纯、很浪漫，能一心一意做事；但另一方面，缺少社会人的积淀和感觉，很多编辑还不算"玩家"级别的真正用户，虽然很爱用户，送的"花"也不少，却容易对用户"单相思"。年轻人是很有想象力的，许多想法比童年的万花筒还要五彩缤纷，但有些想法未必适合现阶段的现平台。年轻不是错，如果说错，那"错"只能是在我们管理者。有很多朋友和同事叫我"老顽童"，我想，既然"老汉"都能"顽童"化，那么，年轻人在保持想象力、创造力的同时，也应该能琢磨到中年人的心理。其实，我个人的需求也不能代表我这个年龄段，因为我的实际需求可能过于年轻化了，所以，在这一点上，我与各位共勉。

我们的内容团队也是有冲劲、有激情的，一有出口就迸发出来，从多机位转播、金晶访谈中的表现能看得出来。即便是日常，我看我们的大部分编辑都缺乏正常的生活，有时候真是于心不忍。

说两个笑话，有两点提醒：

第一个笑话：格力空调曾经出过一款没有声音的空调，很先进，结果卖不动。卖场内的顾客说，你这个空调有毛病呀，连动静都没有。格力哭笑不得，只好把空调改"落后"了，结果大受"落后"的顾客欢迎。这说明，有时候内容"适合"更重要。

IP，颠覆电视？

第二个笑话：我曾经在公司活动中买过一个牛角的痒痒挠，原来从不痒痒，但奇怪的是，买了痒痒挠之后开始觉得痒痒了。这说明，需求不仅是要满足的，也是可以引导甚至创造的，尤其对于不知道新媒体为何物的潜在用户而言。当然，说是"创造"，其实需求已经潜伏在用户身上，需要我们开发。

1.3　中国 IPTV 的大事记

中国 IPTV 发展的过程，是一个戴着镣铐跳舞的过程。

在行业管制和市场冲动的矛盾冲突中，中国大陆的 IPTV 业务起起伏伏，悲喜交替，一次次转危为安，一次次起死回生，最终以自身的实力证明了自己的强大。在这个过程中，伴随始终的是部门利益博弈。道路的曲折并没有阻碍这个新兴产业的发展。IPTV 用户数平均每年均保持了 100% 的增长率。随着 2010 年三网融合新政的发布以及融合试点城市的推出，中国的 IPTV 业务逐步摆脱政策和地方二次牌照的制约，开始大踏步前进。

1.3.1　2004 年——萌动

中国 IPTV 市场最早启动的地区是中国香港和台湾地区。

2003 年 8 月，香港电讯盈科推出了名为 PCCW 的 IPTV 业务，2004 年年底，香港电讯盈科的 IPTV 用户数达到 48 万。

台湾中华电信在 2004 年启动 IPTV 业务，半年内用户数达到 20 多万。

在国内市场，IPTV 在 2004 年下半年引发电信和广电行业的广泛关注和热议，频频现身各大展会、论坛，小规模的试验局也悄然开展。

宽带应用的需求成为中国大陆 IPTV 发展的驱动。虽然中国电信、中国网通宽带用户总量 2003 年底已突破 1000 万，然而"互联星空"、"长宽梦网"、"天天在线"的宽带应用品牌，没有对宽带接入产生明显的拉动作用。在这种情况下，使 IPTV 成为被国内电信运营商所瞩目的拉动 ARPU 值的新兴力量。

2004 年 IPTV 重要事件

1、出现小规模 IPTV 试验

2004 年，电信、网通在实验室积极测试 IPTV，并在一些地方进行了小规模的用户试验。业务模式以点播为主，规模很小，视频质量也不理想，而且更多地依赖 PC 终端。试验中使用的是 X86 的盒子、CE 系统。

2004 年年初，四川网通和四川金仁科技有限公司分别提供网络和技术，在四川遂宁市建设了小型试验网，试点用户在四五百户左右。

2004 年起，郑州威科姆建设河南网通的农村 IPTV 试验网，成为网通集团当时规模最大的 IPTV 试验网之一。

2004 年下半年，泉州电信着手筹备 IPTV 业务，包括系统搭建、网络改造和内容引进等，并建立了 5000 小时电影、电视剧点播节目库，受到最早一批测试用户的欢迎。

2004 年 7 月，UT 斯达康在石家庄建 IPTV 试验系统，有 30 个 live tv 和 time shift tv，有版权的 VOD 影片有 100 部左右，最大并发是 600 个左右。

2004 年 9 月，UT 斯达康与云南思茅电信签署合同，开始布局 IPTV 试验网。

2004 年 10 月，哈尔滨网通开始搭建 IPTV 试验系统，到 12 月份时，在内部发展了第一批几百个试验用户。

2、IPTV 成为论坛、展会热点

2004 年 8 月，IPTV 现身 BIRTV 颇受关注。

2004 年 10 月，IPTV 在北京国际通信展引人注目。

2004 年 12 月 1 日，电信研究院院长杨泽民在"2004 中国宽带应用发展论坛"开幕致词上表示："2004 年 4 月全球互联网上的视频流量已经超过音频流量，必须从技术到业务等角度来探讨运营商下一步的部署。"IPTV 成为"2004 中国宽带应用发展论坛"的焦点话题。

3、电信、网通积极研讨

电信为 IPTV 专门成立了 IPTV 标准小组，为 IPTV 制定标准做准备：

2004 年 11 月下旬，标准小组在广州开会，会议议题有关 DRM；

2004.12.1 - 2，标准小组会议由上海电信研究院召集召开。

2004 年 11 月，中国电信集团互联网部与中兴、北京凯思、成都四方和上海思华就联合开发 IPTV 机顶盒软件项目进行实质性交流。此前，早在 2003 年底，中国电信即在广东和上海两地试点网络电视业务，并在不同城市开展小规模网络电视的试运营。同时，上海电信与上广电合作就运营模式进行了尝试。

2004 年 11 月份，中国网通专门召开了 IPTV 城域网组播方案研讨会，重点是解决城域网视频流分发困难的方案，上海贝尔阿尔卡特、西门子、华为、中兴、UT 斯达康、港湾、烽火通信等通信口的知名企业参与研讨。中国网通下属研究院对网通 IPTV 业务的发展制定指导规划，并对技术实现方式提出了指导建议。

与此同时，中国联通和中国移动也积极筹划基于 IPTV 的手机电视业务。

4、内容提供商主动合作

在 2004 年 6 月份开始的半年之内，上海文广先后与中国移动、上海贝尔阿尔卡特、中国网通、中国卫通、盛大游戏、中国电信达成战略合作的协议或意向，发布了东方网络电视。涉及领域包括手机电视、有线/无线宽带视频流媒体、卫星数字电视、互动娱乐、IPTV 等等。

2004 年开始，盛大和许多知名家电厂商及机顶盒厂商接触，并最终委托英特尔及传统 PC 生产商来设计、生产专门的"网络电视接驳器"。盛大认为这种产品已经超越了机顶盒的概念，是其独创。陈天桥宣称："盛大 2005 年的突破口是 IPTV，简单地说就是为网络电视提供内容。"他乐观预计 2005 年需要"盛大网络电视接驳器"约 100 万台。

传统媒体对 IPTV 表现出热情。除了央视网络电视（央视）、北京网视（北京人民广播电台）、东方网络电视（上海文广）等以外，新华社、中央人民广播电台、中国国际广播电台等也积极筹备 IPTV 项目。

中视网络和网通合作，对北京的用户进行了商务试运营，最高同时在线人数达 3000 人。北京网视是全国第一家由广播媒体创办的 IPTV 平台。中视网络和北京网视的合作伙伴都是网通。

东方网络电视 2004 年底已经在试点地区完成运营点布置，计划 2005 年在上海发展用户 10 万户；第二年将拓展至长三角地区，发展到 20 万用户，之后逐步走向全国。东方网络电视的合作伙伴是中国电信。

5、39 号令颁布

国家广电总局 2004 年 7 月份发布《互联网等信息网络传播视听节目管理办法》（第 39 号令），办法规定："经广电总局批准设立的省、自治区、直辖市及省会市、计划单列市级以上广播电台、电视台、广播影视集团（总台），可以申请自行或设立机构从事以电视机作为接收终端的信息网络传播视听节目集成运营服务。其他机构和个人不得开办此类业务。"依据规定，《信息网络传播视听节目许可证》等同于进入中国 IPTV 市场的通行证。IPTV 的发展出现变数。

1.3.2　2005 年——破土

2005 年，中国第一张 IPTV 牌照正式颁发，成为 IPTV 商用的催化剂。几个商用局正式放号，埋下的中国 IPTV 种子开始破土发芽。

这一年，关于 IPTV 相关的各类研讨与培训非常火。电信和广电两条产业链上的各个环节都对 IPTV 格外关注。国家相关监管部门也通过各种方式表达了对 IPTV 技术、标准、运营、产业政策等各个方面的关注。

2005 年 IPTV 重要事件

1、第一张 IPTV 牌照颁发

2005 年 3 月，广电总局颁发第一张 IPTV 牌照，获得者为上海文广新闻传媒集团。当时广电总局和上海文广都对表现低调，直至 4 月，方正式公布此事。

广电总局在文件上的具体表述是："上海文广新闻传媒集团下属上海电视

台正式获国家广电总局批准开办以电视机、手持设备为接收终端的视听节目传播业务。"这张牌照既包括约定俗成的以电视机为终端的 IPTV 业务，也包括手机电视业务。

2、哈尔滨商用局 5.17 正式放号

2005 年 2 月底，哈尔滨的试点用户量达到 6000 户以上，同时省公司也在黑河搭建了 IPTV 试点系统。

此时，当地有线和网通之间的矛盾开始公开化，广电总局、网通集团都牵扯进来，经过高层博弈，上海文广作为 IPTV 牌照的持有者，正式参与到哈尔滨的 IPTV 项目中，百视通负责内容运营，网通负责网络和销售。2005 年 5 月 17 日，国际电信日，哈尔滨 IPTV 正式商用放号。其后半月内达到用户入网高峰期，当时最多的一天有 2000 个用户申请入网。

3、电信网通规划 IPTV 试点城市

到 2005 年 10 月，电信、网通分别在南北几省确立了十几个城市作为 IPTV 试点并进行测试。

其中，中国电信规划将 19 城市作为 IPTV 试点。主要涉及广东、浙江、江苏、陕西、福建、四川、云南等省，上海、广州、深圳、杭州、宁波、温州、南京、苏州、扬州等均在试点范围内，并且在广东、上海进行了较大规模的测试。

网通规划的北方 19 个试点，涉及河北、河南、山东、山西、内蒙、吉林、辽宁、黑龙江等省区以及北京、天津两个直辖市，这些省区的重点城市如济南、青岛、长春、太原、呼和浩特、沈阳、大连、石家庄、保定、郑州、洛阳、齐齐哈尔、牡丹江等均在范围之内。

4、上海 IPTV 试商用

2005 年 7 月，上海电信和上海文广成立了一个联合项目组共同推进 IPTV，9 月，一张 IPTV 商用试验网在上海建成。11 月底，上海市闵行区和浦东新区居民可以到上海电信营业网点申请开通 IPTV 业务。

5、各地 IPTV 先后招标

2005 年，尤其是下半年，各地电信网通纷纷开始招标，而中标者逐渐集中到五家身上，：UT 斯达康、华为、中兴、贝尔阿尔卡特、西门子。

其中，UT 斯达康除了拥有哈尔滨这一成功样板，还在这一年中标浙江、福州、广东电信。中兴是 05 年 IPTV 领域的黑马，国内陕西、江苏、广东，多点开花，国外印度、希腊，不乏收获。华为最终在家门口广东分得一杯羹。西门子和阿尔卡特也积极参与，但收获不多。

附 2005 IPTV 试点与招标情况统计：

云南电信：

IP，颠覆电视？

2005 年 1 月，云南 IPTV 试点项目在昆明、曲靖、丽江、思茅等四个地市进行，规模 19000 线，厂家为中兴和 UT 斯达康，内容提供商应为上海文广。

上海电信：

2005 年 6 月到 2006 年 6 月，上海 IPTV 试点，浦东新区采用的是西门子设备，H. 264 标准，而闵行区则使用 UT 斯达康设备，MPEG4 标准；至 2006 年 6 月，试点约有 6000 线用户。

陕西电信：

2005 年 9 月，中兴独家中标陕西电信 IPTV 项目，用户规模 3 万线，15000 并发用户。

浙江电信：

2005 年，杭州、宁波、温州、台州开始 IPTV 试点，参与试点的厂家有华为、UT、思华。2005 年 9 月，UT 斯达康中标浙江 IPTV 项目。

广东电信：

2005 年 11 月，广东电信第一期 10 万用户的 IPTV 项目，广州、深圳、东莞、佛山、珠海、汕头和中山等 7 个城市；中标厂家为华为、中兴和 UT 斯达康；内容提供商上海文广。

江苏电信：

2005 年，江苏电信开始试点，南京、苏州、扬州，参与试点的厂家有华为、中兴、UT、创智；2005 年 11 月，中兴独家中标江苏电信 10 万线的 IPTV 项目，5 万并发流；编码应为 H. 264，内容提供商新华社。

四川电信：

2005 年 11 月，四川电信开始招标，参加厂家中兴，华为，UT，ASB，西门子。

福建电信：

2005 年 11 月，福州电信开标，UT 斯达康中标。

网通部分：

2005 年 1 月，哈尔滨网通开标，UT 斯达康承建，5 月 17 日正式放号。

1.3.3 2006 年——波折

2006 年，中国的 IPTV 市场出现变数，新年前后，泉州、浙江等地方广电发文查封 IPTV，给从 2005 年下半年起蒸蒸日上的 IPTV 浇了一盆冷水。这一年又连发三张 IPTV 牌照，获得者都是清一色的广电运营商。IPTV 的发展出现较大的起伏。

1、地方广电发文整顿 IPTV

2005 年 12 月 26 日，泉州市广播电视局发布通告称"泉州市属及其各县（区、市）的广播电视部门是经国务院广播电视行政部门批准的、泉州市唯一具有传播广播电视节目职能的合法机构。""未经国家广电总局批准，运营商所推介的'百视通'网络电视（IPTV）业务，广播电视行政部门将依法予以取缔；用户如发现此类营销宣传，可以向当地广播电视行政执法部门举报。"

2006 年 1 月初，浙江广电发布通告称："根据国家广电总局《互联网等信息网络传播视听节目管理办法》（总局令第 39 号）的规定，任何单位要开展 IPTV 业务，必须经地方各级广播电视行政部门审核，报国家广电总局审批。即使具有在全国范围内开展 IPTV 业务资质的单位，要在浙江省范围开展 IPTV 业务，也必须经地方各级广播电视行政部门审核，并重新得到国家广电总局认可后，方可开展相关业务。"

2、总局再发三张 IPTV 牌照

2006 年 4 月 27 日，国家广电总局批准中央电视台开办信息网络传播视听新业务。其中包括：以计算机为接收终端的自办点播节目业务、自办频道业务、集成运营业务；以电视机为接收终端的自办点播节目业务、自办频道业务、集成运营业务；以手机为接收终端的自办点播节目业务、自办频道业务、集成运营业务。这些新的业务由中央电视台央视国际网络有限公司负责运营。

2006 年 8 月 25 日，在第二届数字新媒体高峰论坛上，南方广播影视传媒集团宣布南方传媒拿到第三张 IPTV 牌照。

2006 年 10 月 16 日，广电总局法规司司长朱虹证实中国国际广播电台已获得 IPTV 牌照。

3、北京网通准 IPTV 项目被叫停

2006 年 5 月 17 日北京网通在 10 个小区开始试推一项名为"宽频空间"的宽带增值业务，网通 ADSL 宽带用户只需要加装一个机顶盒，就可以在电视上收看包括电影、电视剧、新闻、教育等 9 个网络电视频道。除业务形态相似之外，宽频空间的资费情况也和此前已经商用的哈尔滨 IPTV 较为接近。2006 年 9 月，该业务被叫停，据传被叫停的原因与泉州事件一样：广电部门进行干预。

4、上海 IPTV 正式放号

2006 年 9 月 1 日，准备了一年多的上海 IPTV 正式全面放号，与之前针对莘闵和浦东地区推出的服务相比，9 月份全市范围推出的 IPTV 全面升级。IPTV 的直播频道将从 50 增加到 58 个，视频点播也将从 1500 小时增加到 3000 小时以上。

5、AVS – IPTV 在大连网通试点

中国网通宽带在线总经理左风在 11 月的"2006IPTV 中国峰会"上强调，"AVS 将显著降低运营商在编解码方面的专利费，从而降低运营成本。"他表示，网通联合科研院所及设备制造商组建"下一代互联网宽带业务应用国家工程实验室"，AVS 是重点项目，在信产部的统一安排下，网通已选取大连作为 AVS 试点城市，并计划在年底前放号。

6、西门子退出中国 IPTV 市场

2006 年 11 月，在争夺上海 IPTV 项目时意外落选的西门子解散其在中国的 IPTV 团队，"硬件"水平一流的西门子黯然退出中国 IPTV 市场。

2006 年 IPTV 招标及实施情况

2006 年 6 月，上海电信 IPTV 招标结果出炉，UT 斯达康和中兴中标。

2006 年 6 月底，武汉电信开始 IPTV 招标。

2006 年 7 月初，安徽电信以党员远程教育平台的名义发出业务招标书。

2006 年 7 月中旬，内蒙古网通启动 IPTV 招标。

2006 年 10 月底，武汉电信 IPTV 招标升级为湖北电信全省 IPTV 系统招标。

2006 年 12 月，云南 IPTV 项目开始招标。

2006 年对中国 IPTV 而言，有阻力也有动力，广电的频频叫停使 IPTV 发展遭遇挫折，三张新牌照的颁发又使 IPTV 业务看到继续前进的希望，这一年，中国 IPTV 业务曲折前进。

1.3.4 2007 年——生存

2007 年上半年，中国 IPTV 用户数量取得了可喜进展，据流媒体网《2007 年二季度 IPTV 市场发展报告》的数据显示，截止 2007 年第 2 季度，中国 IPTV 用户累计达 84 万户，相比年初增长近 50%。其中，上海 IPTV 发展表现出强劲势头，短短半年即发展了 15 万用户。

这一年也传出了不好的消息。比如，4 月份，地方广电上书总局要求封 IPTV；6 月份，UT 斯达康 CEO 吴鹰离职，都给 IPTV 这个一直在夹缝中求生存的新兴产业带来冲击。

随着各地数字电视整体转换的顺利进行，2007 年全国数字电视用户较 2006 年增长了 100%，两个相似业务的竞争浮出水面，明争暗斗持续进行。2007 年，IPTV 在博弈中顽强求生存，直至 2007、2008 之交 56 号文和 1 号文的颁布，才又让市场燃起斗志。

2007 年 IPTV 重要事件

1、"四月危机"

2007 年 4 月，正在 IPTV 用户迅速增长之际，各地广电纷纷上书广电总局，要求对 IPTV 业务有所限制，焦点有三：IPTV 不能包括广播（直播）电视；点播内容须经审批；经营主体要明确，文广作为牌照拥有者在各地的经营不能由电信或网通出面。有消息称广电总局对此作出肯定性批复。这一事件被媒体定义为"四月危机"，但最终并未进一步扩大。

2、AVS 标准风生水起

我国具备自主知识产权的第二代信源编码标准——AVS 标准，在 2007 年风生水起，不仅网通极力推崇，在大连的试点也通过了验收，电信也对 AVS 进行了技术测试。

3 月 18 日，网通总工滕勇曾透露，"大连 AVS–IPTV 测试情况良好，网通将在 IPTV、3G 中全面采用 AVS 标准，已采用 Mpeg–2/4，H. 264 等标准的城市也将逐渐向 AVS 迁移，20 个新增城市将全部采用 AVS 标准。"

中国电信集团总工程师韦乐平也在 4 月的 "2007 中国宽带应用发展论坛" 上表示，中国电信即将开始对 AVS 编码方式进行评估测试和现场试验。

10 月，中国网通在大连组织了 "AVS–IPTV 商用试验成果现场会"，包括信产部副部长娄勤俭及信产部科技司、产品司都参与了此次验收，验收全面合格。

3、山西广电、网通、移动推动 IPTV 进农家

中国教育电视台、山西广电网络集团有限公司、中国网通（集团）有限公司山西省分公司、中国移动通信集团山西有限公司、山西电数广文化传媒有限公司五方联手推出了 "山西数字电视教育信息网"。在山西广电覆盖范围内，用户通过电视机顶盒点播收看节目，而在此范围之外，用户可通过山西网通的网络电脑收看 IPTV，或通过山西移动网络进行手机电视点播。

4、UT 斯达康吴鹰离职

2007 年 6 月初，UT 斯达康中国区 CEO、创始人吴鹰因为与 "公司发展战略发生分歧" 被迫离职。

UT 斯达康一直冲在 IPTV 一线，而吴鹰则一直冲在 UT 斯达康的一线，吴鹰的离职在业界引起种种猜测，这对蹒跚而来的 IPTV 来说，无异于雪上加霜。

5、《互联网视听节目服务管理规定》（"56 号文"）发布

2007 年 12 月 29 日，中国国家广播电影电视总局和中华人民共和国信息产业部联手发布了《互联网视听节目服务管理规定》，试图通过强化前置审批和内容控制的办法对网络视听内容严厉进行整饬、规范。

"56 号文" 的前置审批门坎设得非常高，从事互联网视听节目服务的企业，必须是 "具备法人资格，为国有独资或国有控股单位，且在申请之日前三年内无违法违规记录" 的法人。一时间，业界纷纷惊呼 "非国有资本不能做视频网站了"。而有些分析人士却从中看到 IPTV 的希望，至少，以往广电总局一家独管的局面已经改变。

附 2007 年 IPTV 市场进展

2007 年 1 月，广州电信我的 e 家促销，首次推出 iTV 网络电视。

IP，颠覆电视？

2007 年 2 月，安徽党员干部现代远程教育平台开通，远程教育平台回避了 IPTV 的提法，但实质是采用以宽带互联网作为信息传送通道，在终端站点采用电视机+机顶盒的"电视上网"模式。

2006 年 12 月～2007 年 3 月，西安 IPTV 试商用。

2007 年 4 月 5 日，海南广播电视台与上海文广新闻传媒集团就 IPTV 项目合作举行了签约仪式。

2007 年 5 月，福建电信启动 IPTV 招标项目，用户规模 20 万线，涉及福建 9 个地市。

2007 年 8 月，一季度完成招标的湖北电信 IPTV 开始试商用，要求 ADSL 带宽达到 2M，不足 2M 的需升级后安装。

2007 年 9 月，沈阳网通推出 IPTV 节目，包括电视频道、点播节目、信息服务三大部分。

2007 年 9 月 4 日，中国电信宁夏分公司和宁夏广播电视网络有限公司合作经营农村网络电视（IPTV）业务正式签订协议。

2007 年开年 IPTV 势头不错，用户增速明显，然而后续有些乏力，而另一方数字电视已经赶上来，2007 就在二者博弈中走向岁末。

1.3.5　2008 年——机遇

2008 年，中国大陆 IPTV 利好频传。不但奥运会提供了吸引用户体验的良机，就连金融危机都给宽带产业制造了机遇，IPTV 作为宽带业务的新兴业务，随着宽带的发展迎来更多的机会。

2008 年 5 月正式开始的电信重组，虽然短期内对 IPTV 影响不大，甚至使运营商的主要精力更多集中在 3G 上，但长远来讲也必将对 IPTV 产生深远影响，三大运营商要往全业务发展，IPTV 便不能被忽略。

2008 年 IPTV 重要事件

1、《关于鼓励数字电视产业发展若干政策》的通知（1 号文）发布

2008 年 1 月 18 日，国家广电总局公布"国务院办公厅转发发展改革委等部门《关于鼓励数字电视产业发展若干政策》的通知"（1 号文）。其中六部委为：发展改革委、科技部、财政部、信息产业部、税务总局、广电总局。

该文件虽然是从广电角度鼓励数字电视产业发展，并没有针对电信 IPTV，但在各种解读分析之下，对 2008 年 IPTV 的发展还是提供了强大的舆论支持，同时也直接推动了整个 IPTV 市场信心的恢复。其中关于三网融合的政策，为三网融合产业（包括 IPTV）后续的竞合提供了一个好的依据，也为电信 IPTV 在三网融合的背景下进行多种尝试提供了一定的想象空间。

2、王太华在全国广播影视局长会议上讲话

2008 年 1 月 27 日，广电总局局长王太华在全国广播影视局长会议上提出

"2008 年要大力发展网络广播电视、手机电视等新媒体，积极稳妥发展 IP 电视。"

王太华局长的这段讲话和 1 号文、56 号文一起，在 2008 年初对 IPTV 市场信心的恢复起了巨大作用。

3、同方 1.5 亿入股上海文广百视通

2008 年 2 月 27 日，上海文广新闻传媒集团（简称 SMG）与同方股份有限公司缔结 IPTV 战略合作伙伴，同方股份出资 1.5 亿元分别认购上海百视通电视传媒有限公司和百视通网络电视技术发展有限公司 40% 的股权。

4、蓟县广电推出 IPTV

蓟县 IPTV 项目是政务网项目的延伸，由蓟县人民政府投资兴建，蓟县广播电视局运作，2007 年 12 月筹建，2008 年 2 月试播，开播至今发展用户 15000 左右。蓟县 IPTV 在全国是第一个接收卫星节目信号落地的试点，当时有几千 IPTV 用户享受着高清电视的收视新体验。

之前，IPTV 基本模式是电信运营商与广电系牌照商合作，一个出网络，一个出内容，由广电自己来做 IPTV，而且是一个县级广电局，天津蓟县开了全国先河。

5、第三次电信业重组

2008 年 5 月 23 日，电信行业重组方案正式公布，电信业第三次重组开始，产生中国电信、中国联通、中国移动三大全业务运营商。重组后的电信运营商，在短期内会加大对手机用户的争夺，但固网对于三大运营商而言，都是核心业务，而随着宽带竞争日益加剧，IPTV 将会益加受到运营商的重视。

6、电信 IPTV2.0 平台标准制定和 IPTV 终端集采

从 2008 年 4 月起，中国电信联合平台和终端厂家，开始了 IPTV2.0 标准的测试和制定工作，并于四季度起，各地纷纷开展对现有平台的 2.0 系统升级。2008 年 6 月，中国电信启动了 IPTV 终端产品的集采招标。2008 年 8 月，招标结果出炉。

IPTV2.0 标准的出台和实施，解决了现有系统平台间的互联互通问题，使产业逐步走向标准化和开放。三季度进行的 IPTV 终端集采，更通过促进厂家间的竞争，进一步降低了终端成本，有利于规模发展。电信的这一系列举动，表现了对 IPTV 产业投入的积极性，极大提升了产业和厂家对 2009 年 IPTV 发展的信心。

附 2008 年 IPTV 市场进展

2008 年 1 月初，上海首个农村党员 IPTV 远程教育终端站在金山区金山卫镇开通。

2008 年 1 月 15 日，合肥市文广局对安徽电信合肥分公司违规擅自开办 IP

电视业务进行检查，并要求合肥电信立即停止"宽带视界"、"视频点播"等违规业务。

2008年2月底，青铜峡市82个行政村全部开通IPTV，各站点全面开展农村党员现代远程教育、文化资源共享及互联网信息服务等。

2008年2月28日，AVS-IPTV互动电视系统在大连开通，投入商用，这是世界首个AVS标准互动电视系统。

2008年初，上海电信和百视通合作，加大IPTV促销力度，从1月9日至6月30日推出名为"欢乐体验"的促销活动，每月看够8次免费2年，使开机率大大提高。

2008年5月17日，上海电信宣布高清IPTV正式试商用，并在其后不久推出免费试用1年等优惠。

2008年6月25日，中国电信IPTV实验室在上海研究院成立。

2008年7月底，中国电信泉州分公司IPTV客户突破7万大关。其中党建客户已达3500户，覆盖该市2000多个基层党组织。

2008年7月30日，中国网通正式启动IPTV机顶盒与系统的互通性测试工作。

2008年10月，江苏电信IPTV项目放号用户突破20万，成为继上海电信后，国内电信运营商中第二个突破20万用户门槛的省份。

2008年可以说是中国IPTV的拐点之年，IPTV用户总数从年初的120万增加到260万，增速明显，而中国电信的IPTV用户更是从51万扩张到180万，并形成上海、江苏、广东三箭齐发，福建、安徽、浙江等地星火燎原之势。为2009年的蓬勃发展奠定了用户基础。

1.3.6 2009年——突破

2009年IPTV重要事件

1、IPTV正式被写进文件获得支持

2009年4月10日，《电子信息产业调整和振兴规划》发布，首次明确提出"支持IPTV（网络电视）、手机电视等新兴服务业发展"。

IPTV随着用户规模的增长，话语权也不断提升，2009年相关政策的发布，是对IPTV产业发展的肯定。同时随着国务院进一步推动"三网融合"，广电、电信探索双向进入，IPTV将迎来更大的发展。

2、中国电信IPTV终端集采招标

2009年8月，中国电信再度进行了IPTV标清终端的集中采购招标。集采的终端数量为92万，获得最终排名前5的中标厂家将分享不低于总采购量80%的市场份额。本次集采不仅参与厂家和集采数量超过前一年，而且终端集采均价在338元左右，相比前一年的497元均价下调幅度超过30%。

3、央视与云南电视台开创 IPTV 新模式

2009 年 10 月 18 日，云南电视台与央视国际联合组建的"云南爱上网络 IPTV 公司"正式宣布挂牌成立，并由该公司与云南电信在 IPTV 业务方面进行全面合作。而由 IPTV 牌照运营商、地方广电和地方电信三方共建的 IPTV 新模式——云南模式就此形成。

云南模式的成功，将在很大程度上缓解来自于地方的阻力。随着 2010 年各地广电制播分离的推进，云南模式的可复制性为 IPTV 的发展提供了一条值得探索的道路。

4、百视通调整结构试水三屏融合

2009 年 5 月，从内容资源入手，上海文广百视通联手 NBA 与华谊兄弟，合作启动三屏融合（PC、IPTV、手机电视）业务，为用户提供更多精彩的视听新体验。2009 年 10 月，上海文广体制改革，其中，原有的从事 IPTV 的百视通、关注网络视频的东方宽频、从事手机电视的东方龙三家共同纳入百视通新媒体公司，为百视通发展三屏战略提供了全方位的资源和支持。

5、中国电信视讯中心成立

2009 年 11 月，中国电信视讯运营中心正式在上海挂牌成立，该中心将将统一运营中国电信 IPTV、手机视讯、互联网视讯业务，负责全国视讯中央级平台的业务运营，支撑各省视讯业务发展。2010 年，上海世博会将首次采用"电视、电脑、手机三屏融合"的方式进行相关内容的视频传播。

6、上海 IPTV 用户突破百万

2009 年 12 月，上海 IPTV 用户突破一百万，成为全球 IPTV 用户数最多的城市，同时这也成为 IPTV 发展史上的一个重要里程碑。这不仅仅是规模的增加，更代表了 IPTV 作为极具商业价值的互动媒体平台的重要性正在日益凸现，有助于 IPTV 在后续发展中获得更多的政策支持。

附 2009 年 IPTV 市场进展

2009 年 1 月，IPTV 走进安徽凤阳小岗村，在农村地区推出了高达 3M 带宽的党建视听传输业务。安徽省农业委员会与中国电信安徽公司合力打造全省性的农业信息综合服务平台，实现互联网、电视网（IPTV）、通信网的有效融合与互通。

2009 年 2 月 1 日，上海 IPTV 大力度促销，老用户可半价续约。

2009 年 2 月 24 日，四川电信展示了 3G、IPTV 的业务结合，并进行了 3G 网络直播。

2009 年 2 月 27 日，长春开通的 200 个社区站点覆盖城区 91% 的社区，均为 IPTV 模式。

2009 年 2 月底，福建 ITV 用户突破 20 万，ITV 成为新的支付手段。

IP，颠覆电视？

2009年2月底，南京ITV宾馆路线取得突破，成立了"宾馆ITV"虚拟团队，发展用户近3万。

2009年3月底，IPTV全球论坛在英国伦敦召开，参会人数比上届增加了3%。

2009年5月13日，百视通与NBA、华谊兄弟合作三屏融合业务。

2009年5月中旬，中国电信2009年IPTV标准化选型测试工作启动。

2009年6月初，台州全市农村宽带覆盖率达到98.2%，完成全市农村党员干部远程教育终端站点4900余个，主要采取的是"宽带＋机顶盒＋电视机"的IPTV模式。

2009年6月，国家广电总局向SMG集团换发了IP电视业务运营牌照。

2009年6月18日，首个采用HTTP技术的网页版IPTV在上海上线。

2009年7月初，广电总局网站发布上海百视通IPTV用户突破200万的消息。

2009年7月中旬，黑龙江联通与哈尔滨市松北区政府合作，IPTV业务实现了对哈尔滨松北区五镇48个行政村的全覆盖。

2009年7月底，ITV完成在武夷山115个行政村的全覆盖。

2009年7月，湖北电信启动IPTV终端机顶盒的采购测试和招标，采购数量6万台。

2009年8月4日，中国电信IPTV终端集采招标正式开始，全部要求需符合中国电信IPTV V2.0系列技术规范。

2009年8月4日，武汉电信推出20M家庭宽带服务，支持高清IPTV。

2009年8月13日，中国电信IPTV终端集采招标价格出炉，均价比2008年下浮超过30%，达338元。

2009年8月，中国电信陕西公众信息产业有限公司的"网页IPTV"上线。

2009年8月，中兴通讯中标中国电信安徽有限公司的IPTV项目，系统规模30万线

2009年8月，联通宽带升级提速全国铺开，3年完成光进铜退。

2009年8月，山西移动三网合一下乡，电话、电视＋上网一年700元。

2009年8月底，中移动联手中兴在江苏开通首个10G EPON试商用。

2009年9月22日，上海电信正式推出了名为"e云"的云计算业务。

2009年9月，上海联通以宽带捆绑终端的方式向市场推出液晶电视一体机产品。

2009年11月12日，新华社与新疆电信签订协议，合作IPTV、手机视频。

2009 年 11 月 12 日，中国电信视讯运营中心正式在上海挂牌成立。

2009 年 11 月 12 日，甘肃电信 IPTV 一期项目正式开标，华为独家中标

2009 年 12 月 1 日，淘宝网与华数数字电视传媒集团签署战略合作协议，其口碑网入驻华数 IPTV 频道。

2009 年 12 月初，华为平台在陕西电信开始应用，陕西 IPTV 形成华为中兴 UT 三家共存局面。

2009 年 12 月 16 日，上海电信与上海东方传媒（SMG）联合举行庆典，庆祝上海 IPTV 用户突破百万，上海成为全球 IPTV 用户数最多的城市。

2009 年 12 月，东莞电信开通全球首个 VDSL2 + 10G EPON 实验局。

1.3.7　2010 年——博弈

2010 年的中国 IPTV，是从截然相反两种消息的碰撞中开始的。一方面是年初国务院常务会议关于加快推进三网融合的决定，另一方面是来自广电总局整治 IPTV 的严厉举措。从 1 月 6 日陕西查处 IPTV 机顶盒，到 4 月 12 日广电总局的 41 号文，各地广电局查禁 IPTV 之声不断传出，一时间 IPTV 行业风声鹤唳，即使有三网融合政策的利好信号，也难免蒙上阴影。而部门利益的博弈，也导致三网融合试点方案六易其稿，直至第六稿方获通过。

2010 年 IPTV 重要事件

1、国务院加快推进三网融合

从 1 月 13 日国务院常务会议决定加快推进三网融合，到 6 月 9 日三网融合试点方案的发布，再到 6 月 30 日三网融合首批试点名单公布，都显示出政府的决心。

在这场较量中，IPTV 终获胜利。虽然由于播控权之争，IPTV 在上半年的发展几乎停滞，但却也化解了封杀危机，获得了名正言顺的发展权利。下半年联通及电信的招标，昭示了其继续投入的决心。

第一批三网融合试点地区（城市）名单：

北京市、辽宁省大连市、黑龙江省哈尔滨市、上海市、江苏省南京市、浙江省杭州市、福建省厦门市、山东省青岛市、湖北省武汉市、湖南省长株潭地区、广东省深圳市、四川省绵阳市。

2、广电总局 41 号文

从年初到年中，从陕西到广西，从新疆到海南，再到安徽，广电总局从针对单个地区的通知到 41 号文，IPTV 遭遇诞生以来最为集中、最大范围的"叫停"危机。直接拆除设备的极端行动，一度让市场信心降至冰点。

地方广电与电信围绕 IPTV 的博弈这些年时有发生，但上升到广电总局直接下文还颇为少见。这显示了两大部委在三网融合政策正式出台前各出奇招争夺话语权的斗争之激烈。

IP，颠覆电视？

3、IPTV 播控权之争

在提交的三网融合试点方案草稿中，广电、电信就 IPTV 播控权展开了激烈争夺。也因此直接导致了一稿至五稿被驳回。6 月，这一争端以国务院拍板的形式得以解决。三网融合试点方案通过，IPTV 播控权归广电。

虽然国务院拍板了，但多年的博弈并没有终结。"中国广电 IPTV"呼号下的 IPTV 中央播控平台，虽有多个地方广电的二级平台与之完成对接，但却暂时少了电信的参与。

4、互联网电视牌照发放

相对于当年 IPTV 牌照发放的谨慎，互联网电视牌照颁发的速度加快了许多，一年之间，牌照数量已骤增至 6 张。其第一批获得者 CNTV、百视通、华数也恰是 IPTV 牌照拥有者。

5、联通 IPTV 招标

中国联通集团于 8 月起召集了 11 家系统厂家，就 IPTV 等业务进行了深入的交流，并进行了试点城市厂家的选型。中国联通三网融合试点城市，在原有四个国家试点（北京、哈尔滨、大连、青岛）的基础上，增加了天津、石家庄（河北）、武汉（湖北）、杭州（浙江）、绵阳（四川）、长沙（湖南）六个集团试点。最后由七个厂家分享 10 试点城市的平台建设。

近几年，中国的 IPTV 市场几乎完全是由中国电信在发展，同时华为、中兴、UT 也成为其平台提供的铁三角，其他厂家很难插足。联通此次招标，给了乐视、青牛等新厂商机遇，也打破了此前已经颇显固定的局面，给市场带来新动力。

附：参与交流厂家：中兴、华为、UT 斯达康、思华、爱立信、海信、乐视、东软、青牛、阿尔卡特朗讯、烽火。

招标结果：

	平台厂家	负责地域
第一档	华为	北京、哈尔滨
	中兴	青岛、天津
	思华	大连、杭州
第二档	爱立信	石家庄
	阿尔卡特朗讯	长沙
	乐视	武汉
	青牛	绵阳

6、IPTV 机顶盒进入密集测试交流期

8 月 25 - 26 日，中国网络电视台（CNTV）启动 IPTV 机顶盒厂商技术交流会。邀请曾参与 2009 年中国电信 IPTV2.0 标准测试的 14 家机顶盒厂家，就各自的产品价格及使用情况，终端管理方案、软件植入方案等多方面展开深入交流，以期望为央视国际的下一步业务拓展确定合作伙伴。参与交流的厂家为同洲、UT、中兴、华为、30 凯天、长虹、九洲、朝歌、裕兴、康佳、汤姆逊、大亚、烽火、华录。

10 月 25 日，中国电信上海研究院在上海召开了 IPTV 机顶盒厂家的测试启动会，为后续即将到来的中国电信 IPTV 机顶盒集采做前期准备工作。本次中国电信 IPTV 终端集采将针对标清和高清两大部分，其中高清机顶盒将是此次集采的重点。此次参与中国电信上海研究院机顶盒测试的厂家共 20 家，分别为中兴、华为、UT、上海贝尔阿尔卡特、大亚、烽火、康佳、创维、同洲、富桥、长虹、九州、汤姆逊、新邮通、30 凯天、裕兴、朝歌、TCL、银河、乐视。其中创维、富桥、TCL、银河、乐视为首次参加电信集采的厂家。

11 月 17 日，联通集团开始进行平台厂家和终端厂家的系统设备联调工作。以期通过联调推进终端与平台间的互联互通，为联通 IPTV（家庭宽带多媒体应用）的规模发展提供更多的发展空间。同时也有助于联通机顶盒的后续招标工作。

参与测试的平台厂家为中兴、华为、思华、爱立信、青牛、乐视、贝尔。

终端厂家为中兴、UT、华为、烽火、摩托、海尔、海信、乐视、神州电子、新大陆、大亚、爱立信、长虹、创维。

2010 年 IPTV 市场进展

1 月 6 日，陕西宝鸡凤县政府组织的联合执法组对一宾馆客房内的 IPTV 机顶盒进行拆除罚没，从而拉开了该县规范电视传播秩序，查处 IPTV 专项行动的序幕。

1 月 13 日，国务院总理温家宝主持召开国务院常务会议，决定加快推进电信网、广播电视网和互联网三网融合。

1 月初，上海推出国内首张集数字电视新媒体与金融服务一体的联名信用卡——兴业银行上海电信 IPTV 百视通联名信用卡。

1 月初，流媒体网携手上海电信推出限量 IPTV 软终端，供业内了解及体验 IPTV 业务。

1 月中旬，甘肃移动与甘肃省广播电视网络传输有限公司签订战略合作框架协议，合作内容包括移动将利用广电节目源提供 IPTV、互联网应用等内容服务。

1 月 15 日，SMG 旗下百视通与法国电信宣布将在三屏融合技术、内容、

IP，颠覆电视？

投资等领域进行全方位合作。法国电信将向百视通公司购买基于 IPTV 运营的内容分发管理技术软件。双方还计划在东南亚等华语新兴市场共同投资运营 IPTV 等新媒体业务。

1 月到 2 月 28 日，沈阳联通新装 2M 及 2M 以上宽带的家庭用户，加装互动电视（IPTV）业务，可享受互动电视 150 元使用一年的优惠政策。

1 月底，新华通讯社湖南分社联合中国电信湖南公司，在湖南省 2010 年的人大、政协"两会"代表驻地安装了网络电视（IPTV），进行"两会"报道，展示由新华通讯社主办的"中国新华新闻电视网"的"环球"（CNC）和"财经"（CFC）两个频道。

2 月 1 日消息：江苏电视台获得广电总局关于 IPTV 的批文，允许其在当地开展 IP 电视业务，新一张 IPTV 地方牌照诞生。

2 月 9 日，总局发出《关于责成上海电视台立即停止向广西、新疆电信公司提供 IPTV 节目信号源的通知》和《关于依法查处广西电信擅自开展 IP 电视业务的紧急通知》。

2 月初，中国电信福建公司表示将投资 10 多亿元，进一步推进"光进 e 家"工程，计划到年底为全省 280 万宽带用户提供 20M 带宽的接入能力。

2 月初，安徽省委召开"关于深入开展向沈浩同志学习，扎实推进第三批学习实践活动"专题会议，采用"电视电话 + IPTV"的模式，首次将会议直播到全省市、县（区）、乡镇、村及社区。

2 月初，科技部副部长张米武、以及工业和信息化部、科技部有关专家在山东联通开展调研，肯定了联通 IPTV、远程视频蔬菜医院、农村平安监控等方面的信息化应用。

2 月下旬，中国电信浙江分公司完成阶段性测试，IMSBased IPTV 实现了电信网、广电网与互联网的三网融合，在传统 IPTV 的基础上加入了通信功能。

3 月初，中国电信湖北武汉分公司成功将 QOS 部署到汇聚交换机（距离用户最近的交换机）上，满足用户在同时使用 ITV 和宽带业务时，优先保障 ITV 的收视流畅。

3 月初，江苏徐州电信公司 iTV 业务完成计划指标的 107%，成为"大干一百天"劳动竞赛的领跑健将。

3 月 8 日至 12 日，由中国电信上海研究院承办的 ITU－T（国际电联标准局）第 16 研究组 WP2 联合报告人会议在上海举办。本次会议共收到来自全球各国 IPTV 相关的输入文档 126 篇，其中联合声明 19 篇。

在 3.15 前夕，中国电信南京分公司携手苏宁电器开展了买电视，免费领取 ITV 互动电视卡活动，旨在通过用户体验感知尝试，推动 ITV 互动电视业务的发展。

　　3 月 17 日，工业和信息化部、国家发展改革委、科技部、财政部、国土资源部、住房和城乡建设部、国家税务总局联合印发了《关于推进光纤宽带网络建设的意见》。

　　3 月 23 日，在 CCBN 的央视国际展台，对 IPTV 和手机电视设立了专区进行展示。展示了三个电视与网络关联的概念——网络电视（web TV）、IP 电视（IPTV）、互联网电视。

　　3 月 25 日，中国联通高级副总裁左迅生表示，2010 年预计将投入 153 亿用作开展光纤宽带技术。

　　3 月下旬，中国电信副总经理孙康敏透露，电信已在所有城市里面启动 8M 接入带宽，每一个乡镇也具备了 2M 接入能力，一些大城市正在建设 100M 光纤到户工程。

　　4 月初，江苏电信 IPTV 用户数突破 100 万大关，并接近 110 万，成为全国除上海外 IPTV 用户最多的省份。

　　4 月 9 日，宝鸡市政府 610 办、公安、工商和广电等四部门联合发出《关于开展对违规 IPTV 进行专项治理工作的通知》，明确要求立即停止违规发展 IPTV 业务，主动拆除有关设施。

　　4 月 11 日，上海电信推出"城市光网"业务——"光速 e 家"套餐，上网冲浪和观看 IPTV 将互不影响。"光速 e 家"系列套餐共有四款，分别提供 10M、30M、50M 等高速带宽。

　　4 月中旬，武汉电信宣布其光纤到户对城市主要区域已达到规模化覆盖，可向武汉百万家庭提供光纤宽带服务。可提供 3M、5M、7M、10M 以及最高 20M 的家庭光纤宽带服务，并且与无线相结合。

　　4 月 12 日，广电总局向各省广电局发出一道"41 号文"，要求对于未经广电总局批准擅自开展 IP 电视业务的地区，依照《互联网视听节目服务管理规定》等条规依法予以查处，限期停止"违规"开展的 IP 电视业务。

　　4 月 15 日起，海南省对擅自开办 IP 电视业务情况进行了集中查处。重点处理了擅自开办 IP 电视业务的宾馆、酒店、茶艺馆等。检查中，海南省下达限期整改通知书 23 份，责令违规单位立即停止擅自开办的 IP 电视业务，拆除一批 IP 电视设施。

　　4 月下旬，安徽省人大常委会第十八次会议审议通过《安徽省广播电视管理条例》，规定在未获得网络传播视听许可证或未履行备案手续的情况下，任何单位和个人不得从事互联网视听节目服务。

　　5 月前后，由国务院秘书二局牵头，组成了国务院三网融合领导小组、广电总局、工信部三方调研团，分两组赴哈尔滨、上海、杭州，考察 IPTV 运营模式。IPTV 作为技术与行业发展的必然趋势受到高度肯定。

IP,颠覆电视?

5月初,工信部下发《工业和信息化部2010年标准化工作要点》的通知(工信厅科函〔2010〕246号),加快制定IPTV、网络电视机标准。

5月初,广电、工信两大部门提交的三网融合试点方案第二稿被国务院三网融合工作小组认为仍然缺乏可操作性,被要求继续修改。

5月11日,银川市西夏区46个城市社区、2个农村社区和6个街道办事处全部接通宽带、安装IPTV设备,所属31个三星级以上社区配备了投影仪。

5月中旬,百视通IPTV无障碍电影专区开播,这是上海市残联联手上海电信、上海文广在IPTV电视平台上新开播的一个助残栏目。

5.17,江苏电信宣布全省13市"城市光网"建成开通,全省近1.8万栋商务楼宇进行了光纤接入,覆盖率100%,实现"千兆进楼",全省近万个城市住宅小区光纤接入率达100%。

5月29日,三网融合试点方案第四稿因电信坚持要求获得"集成播控权"未达成一致。

6月初,上海广播电视台副台长张大钟透露,中国已拥有IPTV专利数量达到800项,占全球的IPTV专利总数的40%。

6月6日,三网融合试点方案获批,18日前,将按照试点方案,由各地政府进行试点地区申报,进行审查筛选工作。

6月8日,上海电信表示,将完成总计150万户家庭的光纤到楼、到户覆盖,确保年内实现家庭宽带2M及以上用户占90%以上。

6月12日,宁波首批40多个"光宽带小区"建成,网速达到20M。

6月中旬,河南省电力公司光纤到户试点工程项目正式启动,国家电网首批电力光纤到户试点小区在沈阳开工建设。国家电网计划2010年在全国14~18个省份进行推广。

6月中下旬,浙江全省有3000余个小区实现了光纤入户。

6月底,南方传媒没有进行IPTV牌照的年审,自动放弃其IPTV牌照。

6月30日,国务院办公厅下发相关文件,公布了首批确定的三网融合试点城市名单。

7月初,工信部召开会议研讨落实工作,要求各地通信部门与当地广电积极协商,拿出试点地区播控平台建设进程时间表,同时处理好已发展IPTV业务但未能纳入试点地区的发展问题。

7月9日,新疆维吾尔自治区直属机关召开现代远程教育工作动员部署会议,决定在区直机关单位大力推进以新疆党员干部现代远程教育IPTV频道为主要方式的远程教育工作。

7月29日,西安市610办公室、公安局、安全局、工商局和文广新局五部门在前期开展宣传动员、摸底排查等工作的基础上,展开联合执法行动。

对近期未经省、市、县（区）广电、工商行政管理部门批准，擅自开展 IP 电视业务发展用户和非法销售使用"网络共享器"等设施的违规行为进行了坚决查处。

8 月初，湖北省广播电视总台党委书记、台长张良成带领湖北省 IPTV 集成播控分平台工作专班赴北京，同中国网络电视台进行洽谈沟通。

8 月初，山东广电局制定了三网融合 IPTV 集成播控分平台建设方案。山东局与山东电视台、青岛广播电视台有关负责同志就 IPTV 集成播控平台建设工作达成了一致意见。

8 月 9 日，江苏局召集江苏省广电总台、广播电视监测台等相关单位、部门举行 IPTV 和手机电视集成播控平台建设座谈会，正式启动建设前期工作。

8 月上旬，中国电信下发内部文件，要求各省公司对高带宽和专线接入进行清理，除骨干核心正常互联互通点外，清理所有其他运营商和互联单位等的穿透流量接入。

8 月 16 日，12 个三网融合试点城市全部上报试点方案

8 月 25 - 26 日，中国网络电视台（CNTV）启动 IPTV 机顶盒厂商技术交流会。

9 月 2 日，中国联通集团在原有四个国家试点城市（北京、青岛、大连、哈尔滨）的基础上，确定了天津、河北、四川、湖北、浙江、长沙六省市为集团试点地区。

9 月初，北京联通抛出 IPTV 发展计划，并透露 IPTV 的平台测试正在紧张进行。

9 月 5 日，云南广电网络集团有限公司与中国电信云南公司达成战略合作，双方在网络资源共享、设备资源共享、应急抢修资源共享、营销资源共享等多个方面都形成战略关系。

9 月初，联通试点城市 IPTV 平台确定，七个厂家成功入围，分享 10 试点城市的平台建设。

9 月，中国电信视讯运营中心正式启用，运营中心将统一运营中国电信 IPTV、手机视讯、互联网视讯业务，探索三屏合一。

9 月 9 日，由中宣部和广电总局共同主办的 IPTV、手机电视管理培训班（第一期）在广电国际酒店举办。

9 月 19 日，云南人民广播电台与中国电信股份有限公司云南分公司在昆明签署全面战略合作协议。双方将充分整合各自媒体、平台技术、客户、品牌等资源，在新媒体广播、电子商务、电信增值服务等多领域的展开合作，共同提升双方的市场竞争力 。

9 月下旬，上海电信在 IPTV 社区平台上开放了订餐、团购服务业务，开

拓了 IPTV 业务的一块新市场。

9 月 25 日，三网融合 IPTV 集成播控四川分平台首家完成与 IPTV 中央集成播控总平台的对接工作。

9 月 26 日，2010 三网融合（四川）高峰论坛将在成都世纪城新会展中心举行，这是国内第一个由广电和电信联合召开的三网融合论坛。

9 月底，继 9 月 25 日 IPTV 集成播控四川分台完成对接之后，武汉、深圳、北京也相继完成对接。

10.1 前夕，武汉电信力推全家福套餐。包括 4M 家庭宽带，1 - 3 部天翼手机，1 部固定电话，ITV 互动电视。一个家庭只需要一张账单，全家话费共享。

10 月 13 日，在 2010 通信展上，中央人民广播电台的 IPTV/互联网电视界面第一次亮相。

10 月 18 日，青岛联通经典营业厅正式营业，除了办理日常业务，同时提供 IPTV、3G 等业务体验。

10 月中旬，上海市老年基金会与中国电信上海公司共同启动上海"数字养老院"建设工程。建成后将免费提供 IPTV 数字电视、宽带上网、全球眼关爱等服务。

10 月 25 日，中国电信上海研究院在召开 IPTV 机顶盒厂家的测试启动会，为后续即将到来的中国电信 IPTV 机顶盒集采做前期准备工作。

11 月 7 日，湖南广播电视台与中国网络电视台 IPTV 项目合作签约仪式举行，湖南广播电视台党委书记、台长欧阳常林与中国网络电视台总经理汪文斌代表双方在合作协议上签字。

11 月，泉州推出的尊享 e9 套餐，每月 149 元可以享受 4M 宽带上网、WLAN 无线上网、网内固话免费、3G 上网、ITV 等一系列功能，并通过家庭中几个终端的有效连接，增加了对家庭用户的黏性。

11 月 11 日，工信部将申请立项的《IPTV 机顶盒技术要求 高清机顶盒》等 25 项通信行业标准再次予以公示征求意见。

11 月 17 日，联通集团开始进行平台厂家和终端厂家的系统设备联调工作，以期为联通 IPTV（家庭宽带多媒体应用）的规模发展提供更多的发展空间。

11 月 24 日，中国网络电视台 CNTV、南方传媒集团、UT 斯达康（中国）有限公司共同发起中国首个 IPTV 互动电视界面 UI 设计大赛。

11 月 26 日，TVMall IPTV 空中商城宣布正式上线。

11 月，四川广播电视台与四川电信在蓉正式签署新媒体（IPTV）业务合作协议。

11 月底，百视通 IPTV 少儿频道—哈哈乐园正式推出针对上海地区小学生的远程教育平台——"义方电视学堂"，为上海地区的小学生和家长提供同步辅导服务。

12 月初，工信部公布 190 项通信标准，关于机顶盒与 IPTV 业务标准共有 12 项。

12 月初，重庆发布嵌入 96980 服务后台的天翼老人信息手机，并且通过电信 iTV 数字电视就可预订 96980 平台服务。

12 月 5 日，江西吉安电信 ITV 共发展 1226 户，完成任务的 52.36%，在全省位居第一。

12 月，武汉成为国内首个实现规模化光纤宽带服务的城市，光纤到户超过 75 万户。

12 月 16 日，武汉广电与中国电信武汉分公司组建的武汉市三网融合合资公司成立，首创中国广电媒体和电信运营企业在推进三网融合业务上从竞争趋向竞合的新路径。

12 月底，上海 IPTV "放心服务进万家"活动拉开帷幕，推出一系列的便民、惠民服务。

1.4 中国 IPTV 用户规模

截至 2011 年 7 月底，中国大陆 IPTV 用户规模突破 1000 万户，与 2010 年底相比，新增用户 200 余万户。

截至 2011 年 7 月底，江苏省以 238 万户的绝对优势稳居 IPTV 用户数全国第一，上海、广东两地分别以 140 万和 134 万的用户规模居第二、第三位，浙江、福建、安徽、陕西紧跟其后。

附：全国各省市 IPTV 用户分布数据（截至 2011 年 7 月底）　　单位：万

省份	平台厂家	主导运营商	用户规模
江苏	中兴	中国电信	238
上海	UT 斯达康、华为、中兴	中国电信	140
广东	华为	中国电信	134
浙江	UT 斯达康、华为	中国电信	128
福建	UT 斯达康	中国电信	86

IP，颠覆电视？

省份	平台厂家	主导运营商	用户规模
安徽	UT斯达康、中兴	中国电信	75
陕西	UT斯达康、中兴、华为	中国电信	49
湖北	中兴	中国电信	40
新疆	中兴、华为	中国电信	28
重庆	中兴、华为	中国电信	20
云南	中兴、华为	中国电信	12
湖南	中兴、华为	中国电信	10
江西	UT斯达康、华为	中国电信	7.5
海南	UT斯达康、中兴、华为	中国电信	6
四川	中兴、华为、帕科	中国电信	5.4
宁夏	UT斯达康、阿尔卡特朗讯	中国电信	1
西藏	UT斯达康、阿尔卡特朗讯	中国电信	少
广西	华为	中国电信	–
甘肃	华为	中国电信	
贵州	UT斯达康	中国电信	–
河南	威科姆、UT斯达康、中兴	中国联通	30
黑龙江	UT斯达康	中国联通	12
辽宁	中兴、华为	中国联通	11
山东	UT斯达康	中国联通	0.3
内蒙古	阿尔卡特朗讯	中国联通	少

（流媒体网数据）

第二章　中国 IPTV 监管政策解读

如果搜索关于中国 IPTV 发展的文章和报道，出现频率最高的词一定是"政策"，被质疑最多的词也是"政策"。这里提到的"政策"，特指广电总局出台的 IPTV 监管政策。

中国 IPTV 的启动、发展、壮大，离不开政策；中国 IPTV 的起起伏伏、磕磕绊绊也离不开政策。站在不同立场看政策，政策可能是推动者，也可能是保护者，还可能是打压者。

如果一个外国人来看中国 IPTV 的发展，他多半儿会说："看不懂。"他可能会问：同是广电企业参与，为什么对有的限制而对有的保护呢？不懂是难免的，因为，他看不懂中国 IPTV 的产业监管政策。

其实，政策不难懂，虽然政策一会儿让人喜，一会儿让人忧，但政策背后的立场、原则，几乎从来就没有变过。

从广电总局这些年出台的政策来看，不外乎几条逻辑：一、坚守部门职责分工，强调分业监管，推动 IPTV 业务在管理框架内有序发展，保证不失控；二、按照业务关系中广电控制程度的大小来保护广电企业利益，为广电企业的发展留出时间差；三、让"国家队"先上，保证内容的安全可控程度。

面对舆论的责难，广电总局也可能觉得很冤：我们从来没有封杀过 IPTV，我们是在管理。总局如果这样说倒也没错，对 IPTV，总局确实没有真正"封杀"过，不过确实临时"叫停"过。至于地方广电，那是真的封杀过 IPTV。

为了看清中国 IPTV 的发展，摸透产业变化的脾气，本书试图对政策作一个简单的解读。

2.1　分业监管政策的演变逻辑

在舆论中常见这样一种声音，就是对广电总局总是"越界"监管表示不满。

而广电的从业人员则对电信、网通"踩界"运营电视业务的行为表示不解。

这两种声音都片面了，都没有弄清中国 IPTV 产业的实际特点。

中国国情决定的现状是：中国 IPTV 本来就是一个"跨界"运营的产业，

你中有我，我中有你，本来就是在广电企业和电信企业双主体运营的模式下发展，本来就存在分业监管的基础。广电总局管没有错，工信部管也没有错，他们都应该按照各自的分工对推动这个产业负责。

按照双主体运营模式，电信和广电都可以参与到 IPTV 的产业发展中来，只是有分工。电信负责市场发展和网络传输支持，广电企业负责视频内容运营和监管审核。如果广电企业去做 IPTV 的网络传输，是踩界；如果电信企业去做内容审核，也是踩界。

双主体运营和分业监管的模式反过来也加剧了 IPTV 业务的复杂性，开展 IPTV 业务需要同时获得不同部门的监管和行政许可，部门之间互相掣肘、互相扯皮的现象经常发生。

或许，要结束这个复杂局面，只有一个办法，那就是按照网上有人一直呼吁的那样，把两部门合成一部门。且不论这个提议暂时是否实际，只要现状还是双主体运营，就只能严格遵照分工才能减少摩擦。"吃独食"暂时不可能。

在 IPTV 的发展过程中，是否采取分业监管与产业发展的程度有关。

政策鸿沟形成业务壁垒

1999 年 9 月 17 日，国务院办公厅转发了信息产业部、国家广播电影电视总局联合制定的《关于加强广播电视有线网络建设管理的意见》。这个意见第五条对两部门分工的说明耐人寻味，是以强硬的否定式语句重申了部门分工的界限。

条款规定："电信部门不得从事广播电视业务，广播电视部门不得从事通信业务，对此必须坚决贯彻执行。"

这条政策一直被视为广电和电信之间政策鸿沟，业务壁垒从此形成。

排斥非广电机构参与

对 IPTV 业务，广电总局一开始却是想抱在自己怀里，排斥电信参与。

2004 年 7 月 6 日，广电总局颁发《互联网等信息网络传播视听节目管理办法》（广电第 39 号令）。

第七条规定："经广电总局批准设立的省、自治区、直辖市及省会市、计划单列市级以上广播电台、电视台、广播影视集团（总台），可以申请自行或设立机构从事以电视机作为接收终端的信息网络传播视听节目集成运营服务。其他机构和个人不得开办此类业务。"

而电信企业显然属于"不得开办此类业务"的其他机构。

第二十一条还明确规定："信息网络的经营机构不得向未持有《信息网络传播视听节目许可证》的机构提供与传播视听节目业务有关的服务。"

这个 2004 年 10 月 11 日起施行的管理办法，给当年正在积极试验 IPTV 的电信运营商泼了一盆冷水。

分业监管方向确立

然而，IPTV 在实际运营中不可能离开电信、网通的直接参与，业务还是从实际出发向前推进。在既成事实面前，广电总局还是做了调整。

2007 年 12 月 20 日，广电总局和信产部联合发布《互联网视听节目服务管理规定》（广电总局 信息产业部 第 56 号令）。56 号令确立了互联网视听节目服务业务的分业监管方向，把信产部纳入了监管体系。

第三条规定："国务院广播电影电视主管部门作为互联网视听节目服务的行业主管部门，负责对互联网视听节目服务实施监督管理，统筹互联网视听节目服务的产业发展、行业管理、内容建设和安全监管。国务院信息产业主管部门作为互联网行业主管部门，依据电信行业管理职责对互联网视听节目服务实施相应的监督管理。地方人民政府广播电影电视主管部门和地方电信管理机构依据各自职责对本行政区域内的互联网视听节目服务单位及接入服务实施相应的监督管理。"

56 号令所规定的互联网视听节目服务申请条件虽然更加细化，但更着眼于业务资质和标准，相对于 39 号令的排斥法，对电信运营商而言实际上是放宽了。

也正是这个 56 号令作出了一条在互联网界引起轩然大波的规定：

"第八条 申请从事互联网视听节目服务的，应当同时具备以下条件：

（一）具备法人资格，为国有独资或国有控股单位，且在申请之日前三年内无违法违规记录。"

作为国有企业，电信运营商反而从中看到了希望。

其实，按照第二条，56 号令主要是适用于"在中华人民共和国境内向公众提供互联网（含移动互联网，以下简称互联网）视听节目服务活动"。不过政策所体现的方向，令有志于 IPTV 发展的电信运营商产生了遐想。

鼓励双向开放

在各方力量的推动下，形势变化越来越快，双向进入的呼声越来越高。

2008 年 1 月 1 日，国务院办公厅转发了发展改革委、科技部、财政部、信息产业部、税务总局、广电总局六部门联合制订的《关于鼓励数字电视产业发展的若干政策》。政策明确鼓励广电、电信双向开放。

"（二十三）在确保广播电视安全传输的前提下，建立和完善适应"三网融合"发展要求的运营服务机制。鼓励广播电视机构利用国家公用通信网和广播电视网等信息网络提供数字电视服务和增值电信业务。在符合国家有关投融资政策的前提下，支持包括国有电信企业在内的国有资本参与数字电视接入网络建设和电视接收端数字化改造。"

按照这个规定，广电和电信之间的业务壁垒开始逐渐打破。

这个政策是以推进"三网融合"为发展目标的，但也有评论在肯定进步的同时，指出这只是"三网合一"，需要进一步推动业务层面的融合。

国务院大力推进三网融合

2010年新年伊始，即发生了一件对中国三网融合影响深远的大事。

1月13日，国务院总理温家宝主持召开国务院常务会议，决定加快推进电信网、广播电视网和互联网三网融合。

会议提出了推进三网融合的阶段性目标。2010年至2012年重点开展广电和电信业务双向进入试点，探索形成保障三网融合规范有序开展的政策体系和体制机制。2013年至2015年，总结推广试点经验，全面实现三网融合发展，普及应用融合业务，基本形成适度竞争的网络产业格局，基本建立适应三网融合的体制机制和职责清晰、协调顺畅、决策科学、管理高效的新型监管体系。

会议明确了推进三网融合的重点工作：

（一）按照先易后难、试点先行的原则

选择有条件的地区开展双向进入试点。符合条件的广播电视企业可以经营增值电信业务和部分基础电信业务、互联网业务；符合条件的电信企业可以从事部分广播电视节目生产制作和传输。鼓励广电企业和电信企业加强合作、优势互补、共同发展。

（二）加强网络建设改造。

全面推进有线电视网络数字化和双向化升级改造，提高业务承载和支撑能力。整合有线电视网络，培育市场主体。加快电信宽带网络建设，推进城镇光纤到户，扩大农村地区宽带网络覆盖范围。充分利用现有信息基础设施，积极推进网络统筹规划和共建共享。

（三）加快产业发展。

充分利用三网融合有利条件，创新产业形态，推动移动多媒体广播电视、手机电视、数字电视宽带上网等业务的应用，促进文化产业、信息产业和其他现代服务业发展。加快建立适应三网融合的国家标准体系。

（四）强化网络管理。

落实管理职责，健全管理体系，保障网络信息安全和文化安全。

（五）加强政策扶持。

制定相关产业政策，支持三网融合共性技术、关键技术、基础技术和关键软硬件的研发和产业化。对三网融合涉及的产品开发、网络建设、业务应用及在农村地区的推广，给予金融、财政、税收等支持。将三网融合相关产品和业务纳入政府采购范围。

为落实会议精神，国务院又于 1 月 21 日下发通知，印发《推进三网融合的总体方案》。《总体方案》中确立了"分业监督"的基本原则：

"（二）基本原则

4、分业监督，共同发展。广电、电信主管部门按照各自职责分工，分别对经营广电、电信业务的企业履行行业监督职责，共同维护公平竞争、规范有序的市场环境。鼓励广电企业和电信企业相互合作、优势互补，实现共同发展。"

《推进三网融合的总体方案》进一步细化了双向进入的业务范围：

"符合条件的广电企业可经营增值电信业务、比照增值电信业务管理的基础电信业务、基于有线电网络提供的互联网接入业务、互联网数据传送增值业务、国内 IP 电话业务。IPTV、手机电视的集成播控业务由广电部门负责，宣传部门指导。符合条件的国有电信企业在有关部门的监管下，可从事除时政类节目之外的广播电视节目生产制作、互联网视听节目信号传输、转播时政类新闻视听节目服务，以及除广播电台电视台形态以外的公共互联网音视频节目服务和 IPTV 传输服务、手机电视分发服务。"

总体上看，2010 年年初国务院常委会召开的这次会议和之后下发的《总体方案》是三网融合的里程碑，意义十分重大。会议把双向进入作为三网融合试点的首要任务，并确定了双向进入的范围，这是打破行业壁垒的明确信号，是站在更高角度对部门利益的协调。无论广电单位，还是电信企业，都应该明白，既不能只靠广电做 IPTV，也不能只靠电信做 IPTV，与其在扯皮中消耗时间，不如各让一步，先行合作。

不过，这次描述的双向进入，还是一次不对称的双向进入，背后是基于不对称的发展基础。国家是在给市场化水平还不高的广电留出时间差，让广电抓紧时间发展起来，在将来以与电信大致对等的实力抗衡。

2010 年 6 月 30 日，经国务院三网融合工作协调小组审议批准，第一批三网融合试点地区（城市）名单确定，12 个城市（地区）首批进入三网融合试点范围，这意味着工信部、广电总局和各地政府监管部门将按照试点业务范围和种类分别向试点企业授予相应许可，也意味着分业监管工作进一步落地。

2.2　IPTV 牌照准入制度

什么是牌照？

如果搜索关于中国 IPTV 产业监管政策的文章和报道，出现最多的词是"牌照"。在中国，要发展 IPTV，只能遵守牌照准入制度。

所谓"牌照"是业内流行的形象化名称，政策条文本身并没有这个词。

IP，颠覆电视？

所谓牌照，就是《信息网络传播视听节目许可证》，IPTV 的牌照是专指针对"以电视机作为接收终端的信息网络传播视听节目集成运营服务"所颁发的《信息网络传播视听节目许可证》。

牌照是广电总局从内容监管职责出发所设立的业务许可门槛，是向申请业务的企事业单位提供的基本从业资质，是对产业发展参与管控的主要手段。只有获得广电总局审批的企业才可以合法从事 IPTV 业务的运营。

牌照连着整个 IPTV 产业的神经。

《信息网络传播视听节目许可证》大类：

由广电总局颁发的《信息网络传播视听节目许可证》，按照业务开展的传播网络、播放方式、接受终端的不同，对新媒体视频业务的开展加以区分和规范。目前分为计算机、电视机、手机三大方向，九大类别：

1. 以计算机为接收终端的自办点播节目业务

播放方式：点播（含下载）。

传播网络：国际互联网。

接收终端：计算机。

2. 以计算机为接收终端的自办频道业务

播放方式：频道播出。

传输网络：国际互联网。

接收终端：计算机。

3. 以计算机为接收终端的节目集成运营业务

可在全国范围内建设节目集成运营平台。

集成内容：经国家广电总局批准以计算机为终端自办播放业务的机构开办的节目、经国家广电总局批准开办并可在当地落地的广播电视频道。

传输网络：城域网、局域网。

接收终端：计算机。

4. 以电视机为接收终端的自办点播节目业务

播放方式：点播（含下载）。

传输网络：城域网、局域网。

传播范围：全国。

接收终端：电视机。

5. 以电视机为接收终端的自办频道业务

传输网络：城域网、局域网。

播放方式：频道播出。

传播范围：全国。

接收终端：电视机。

6. 以电视机为接收终端的节目集成运营业务

可在全国范围内建设节目集成运营平台。

集成内容：经国家广电总局比准以电视机为终端自播放业务的机构开办的节目、经国家广电总局批准开办并可在当地落地的广播电视频道。

传输网络：城域网、局域网。

接收终端：电视机。

7. 以手机为接收终端的自办点播节目业务

播放方式：点播（含下载）。

传输网络：移动通信网。

传播范围：全国。

接收终端：手机等手持终端设备。

8. 以手机为接收终端的自办频道业务

播放方式：频道播出。

传输网络：移动通信网。

传播范围：全国。

接收终端：手机等手持终端设备。

9. 以手机为接收终端的节目集成运营业务

集成内容：经国家广电总局批准以手机为终端自办播放业务的机构开办的节目、经国家广电总局批准开办并可在当地落地的广播电视频道。

传输网络：移动通信网。

传播范围：全国。

接收终端：手机等手持终端设备。

其中 1－3 项是针对计算机终端的许可；7－9 项是针对手机终端的许可；4－6 项则是针对以电视机终端的许可，包括 IPTV 业务许可权利。

IPTV 牌照分类

1. IPTV 全国牌照

在以电视机为终端的类别中，允许在全国范围内开展 IPTV 业务的《信息网络传播视听节目许可证》就是 IPTV 全国牌照，业内俗称"大牌照"。目前广电总局只向上海文广、央视国际、中国国际广播电台、南方传媒颁发过 IPTV 全国牌照，但南方传媒出于避免与现有业务冲突的考虑，于 2010 年 6 月"战略性"放弃了 IPTV 全国业务牌照。

2. IPTV 地方牌照

在以电视机为终端的类别中，按照传播网络的不同，只能在指定区域内开展 IPTV 业务的《信息网络传播视听节目许可证》，就是 IPTV 地方牌照，俗称"小牌照"。目前已从广电总局获得 IPTV 地方牌照的有浙江广电（杭州华

IP，颠覆电视？

数）、江苏电视台。下一步，三网融合试点城市中的当地广电企事业单位也有可能获得 IPTV 地方牌照。

3．IPTV 行业牌照

在以电视机为终端的类别中，明确限定了节目内容范围的《信息网络传播视听节目许可证》，业内称为 IPTV 行业牌照。目前华夏安业获得的就是 IPTV 行业牌照，只允许在电视机终端上提供教育行业的内容。

对《许可证》持有者的业务要求

根据广电总局的规定，开办以计算机、电视机、手机为接收终端的节目集成运营业务的运营机构应达到以下要求：

1、集成平台内容由牌照运营商负责集成。获得许可的运营商为集成平台内容的唯一对外签约主体，负责平台上所有节目源的组织、播出及监看。

2、集成平台由牌照运营商负责运营。集成平台的节目播放系统、数字版权保护系统、电子节目导视系统（EPG）、节目计费系统由牌照运营商负责管理和运营，并负责基于计算机、电视机为接收终端业务的集成平台用户管理共享系统的管理，和与网络服务商共同进行 IP 电视机顶盒选型工作。

3、节目集成运营平台负责直接向终端用户提供收视界面和收视内容。

4、牌照运营商对集成平台控股，拥有平台资产支配权。

对《许可证》持有者的管理要求

1. 建立节目总编责任制。要聘请政治可靠、业务素质合格的人员作为节目源把关、后期制作和内容审查的责任人，对所播出的节目负责。

2. 建立节目内容审查制。所播出的节目内容应导向正确、健康向上，节目来源要符合《广播电视管理条例》和《互联网等信息网络传播视听节目管理办法》有关规定，并具有相应版权。重播的内容必须进行重审。

3. 建立节目监控机构。自节目上网播出之日起，需将所播节目内容对管理部门监看系统开放，并提供必要的监看条件。

4. 建立紧急情况处理机制。节目总编的联系电话、联系方式应报管理部门备案，要做到能够根据管理部门的监看结果和宣传管理要求，随时对节目内容进行调整。

IPTV 牌照准入制度，保证了广电系统对 ITTV 产业的控制地位。电信企业虽然处于实际的市场主导地位，但由于没有牌照，只能通过与牌照运营商合作才能合法开展业务。一些地方电信在广电合作伙伴默许的情况下，与同样没有牌照的第三方 SP 合作图文类增值业务，这其实是存在政策风险的。而且，从这几年的法律实践看，如果第三方提供的内容违法或侵权，电信企业也将承担相应的法律责任。

2.3　IPTV 牌照的"二次落地"

2010 年前四个月，中国 IPTV 遭遇了有史以来最严厉、最集中的大规模整肃。

1 月 6 日，陕西宝鸡凤县政府组织联合执法组，对一宾馆客房的 IPTV 机顶盒拆除罚没。

2 月 9 日，总局发出《关于责成上海电视台立即停止向广西、新疆电信公司提供 IPTV 节目信号源的通知》和《关于依法查处广西电信擅自开展 IP 电视业务的紧急通知》。

4 月 9 日，宝鸡市政府 610 办、公安、工商和广电等四部门联合发出《关于开展对违规 IPTV 进行专项治理工作的通知》，明确要求立即停止违规发展 IPTV 业务，主动拆除有关设施。

4 月 12 日，广电总局向各省广电局发出"41 号文"，要求对于未经广电总局批准擅自开展 IP 电视业务的地区，依照《互联网视听节目服务管理规定》等条规依法予以查处，限期停止"违规"开展的 IP 电视业务。

4 月 15 日起，海南省对擅自开办 IP 电视业务情况进行了集中查处。重点处理了擅自开办 IP 电视业务的宾馆、酒店、茶艺馆等。检查中，海南省下达限期整改通知书 23 份，责令违规单位立即停止擅自开办的 IP 电视业务，拆除一批 IP 电视设施。

在 41 号文中，广电总局严厉指出，一些地方的电信企业未经广电总局批准擅自开展 IP 电视业务，严重危害了国家网络信息安全，影响了国务院关于三网融合工作的战略部署和广播电视事业的正常建设。因此，要求各地方广电对辖区内电信企业的 IPTV 业务进行排查并查处。

这一连串的"查封"、"拆除"、"整改"，都是针对电信的，但其中多数开展 IPTV 业务的电信企业已经与拥有全国牌照的百视通进行了合作。很多人表示不解，如果没有电信专网，牌照只是个空的，既然百视通已经拿到全国牌照，那么同电信合作开展的业务怎么成了非法的？

要回答这个问题，就需要弄清 IPTV 牌照的"二次落地"政策。

按照广电总局对《信息网络传播视听许可证》的规定，已经许可在全国范围内开展 IPTV 业务的牌照商，如果要在具体的区域开展业务，仍然需要再次申请并得到国家广电总局的批复后，才能正式落地商用。这一规定，就是 IPTV 牌照的"二次落地"。这类被许可的地方，被业内称为拥有 IPTV 地方牌照的地区。

"二次落地"的规定对广电总局管控 IPTV 提供了"双保险"，一方面保证了 IPTV 的发展不至于失控，但另一方面却给中国 IPTV 的发展设置了政策障碍，人为制约了 IPTV 的发展速度。在"二次落地"规定下，IPTV 业务从启动、试验到商用，需要经历十分复杂的审批和监管程序，中间每一个环节都有不确定的因素，这就导致中国 IPTV 在磕磕绊绊的状态中裹足前进，难以提速，客观上为数字电视的大规模双向改造留出了发展时间。

从这个意义上看，既然 IPTV 的"二次落地"成为能否快速增长的瓶颈，那么 IPTV 地方牌照的实用价值也就超过了 IPTV 全国牌照。从上述各地查处 IPTV 的事例看，这只不过是历年来电信与各地广电之间积累矛盾的总爆发。由此看，地方广电的态度就成为能否破局的关键。

随着"三网融合"的声势越来越大，在国务院的直接推动下，形势向着好的方向发展。

在 2010 年之前，在国内只有上海文广成功申请了十个地区的地方牌照，即沈阳、大连、盘锦、牡丹江、黑河、台州、西安、汉中、福州、厦门。加上早就开展商用的哈尔滨和上海，总共有十二个城市。

而到了 2010 年中，形势急转直下。2010 年 6 月 30 日，经国务院三网融合工作协调小组审议批准，确定了第一批三网融合试点地区（城市）名单：北京市、辽宁省大连市、黑龙江省哈尔滨市、上海市、江苏省南京市、浙江省杭州市、福建省厦门市、山东省青岛市、湖北省武汉市、湖南省长株潭地区、广东省深圳市和四川省绵阳市。按照国务院推进三网融合的方案，这些城市的地方广电企事业单位也将随之获得 IPTV 的地方牌照。

不过，多年积累的矛盾，不会在一朝解决。利益的纷争还是要通过从利益分配上寻找共赢点来解决。

在这方面，云南模式和江苏模式的探索提供了可供参考的路子。

2009 年 8 月 28 日，云南电视台与央视国际网络签署合作协议，共同投资成立云南"爱上"网络有限公司，并通过新成立的合资公司与云南电信联合在云南地区开展 IP 电视业务。

2009 年底，广电总局在批文中允许江苏电视台在当地开展 IPTV 业务。江苏电视台随后同上海文广百视通就合作 IPTV 业务进行谈判，逐步形成了江苏电视台和上海文广共同为江苏电信 IPTV 业务提供内容和监管的模式，双方共同进行利益分成。

而按照 2010 年三网融合新政"先易后难、试点先行"的精神，IPTV 在试点地区的发展，有可能倾向于"当地电视台 + 牌照运营商 + 电信"的模式。

通过利益共享来实现"单点突破"，也许是打破 IPTV"二次落地"瓶颈的关键。

2.4 IPTV 集成播控平台

按照广电总局的规定，IPTV 集成播控平台，包括节目内容集成播控管理体系、EPG 电子节目菜单管理体系、用户端管理体系、计费管理体系及 DRM 数字版权保护系统、数据管理体系，具有播出控制功能。播控平台的内容源由各 IPTV 内容服务平台提供。播控平台播出的节目信号经由电信企业架构的虚拟专网，传输到播控平台管控的用户机顶盒。

IPTV 的内容集成播控权，一直是广电和电信争夺的焦点。

2010 年初国务院引发的《推进三网融合的总体方案》就已提出 "IPTV、手机电视的集成播控业务由广电部门负责，宣传部门指导。" 但电信并不认同，坚持争取。

在此后的讨论中，三网融合试点方案几经磨合，迟迟不定，一个重要的原因就是广电和电信在 "播控权" 归属问题上僵持不下。在五易其稿之后，6 月 6 日方案终于尘埃落定，"播控权" 独归广电。6 月 9 日，国务院印发了《三网融合试点方案》。方案明确指出："为了保证政治、文化安全，在宣传部门指导下，广播电视机构负责 IPTV、手机电视集成播控平台的建设和管理，负责节目的统一集成和播出监控，负责电子节目指南（EPG）、用户端、计费、版权等管理。"

其实，电信早就应该看得很清楚，按照中国特色管理体制，内容播控权是不可能从广电手中争取来的。在这个问题上过于执著，只会浪费时间。

有意思的是，广电与电信之间的 "播控权" 之争，很快变成了广电系统内部的纷争。

2010 年 7 月，广电总局发布《关于三网融合试点地区 IPTV 集成播控平台建设有关问题的通知》（344 号文件），明确提出：由央视（实际运营为中国网络电视台，CNTV）组织建设 IPTV 集成播控总平台；与各地方电视台组成联合体，建立试点地区分平台，形成中央地方两级平台架构模式；负责 IPTV 集成播控总平台与各地分平台的对接。

344 号文件又同时指出，上海广播电视台（具体实施方为百视通）已有的 IPTV 播控平台仍维持在原批准的地区运营，并与各地广电机构协商合作进一步完善平台建设。

根据方案，央视国际成为中央平台，与上海百视通共同建设地方平台。

此前，上海文广百视通已经在上海、哈尔滨、大连、南京、武汉、深圳、厦门此 7 城市与当地的广电机构和电信企业合作建立了内容播控平台，实际开展 IPTV 业务的有 12 个地方。

但百视通辛苦多年种下的地有可能不保了。

2010 年 8 月初，CNTV 发布消息说："中国网络电视台（CNTV）将在包括北京、山东（青岛）、四川（绵阳）、广东（深圳）、湖南（长株潭）、江苏（南京）、湖北（武汉）、浙江（杭州）等试点地区，和当地广电机构合作，共同开展 IPTV 业务。三网融合试点地区 IPTV 集成播控平台的建设，由中央电视台（具体由中国网络电视台）会同地方电视台，按照全国统一规划、统一标准、统一组织、统一管理的原则，联合建设。"

按照 CNTV 这个规划，百视通阵地有可能仅剩上海、哈尔滨、大连、厦门四地，此前 IPTV 发展迅猛、并超越上海的江苏、广东均可能归到 CNTV 旗下。面对这个危险，百视通自然不会轻易就范。

即便在青岛，CNTV 在接手青岛与华数当年合作建设的 IPTV 播控平台时，也不是很顺利。

所以，344 号文件在大力扶持 CNTV 的同时，也把 CNTV 推到了风口浪尖。在一段时间内，同时遇到了来自广电体系、电信企业的阻力，在两级平台的业务系统对接、监管系统的对接等方面都遇到了重重困难。

2011 年 8 月，CNTV 高调起诉广东电信和江苏电信 IPTV 平台上存在侵权节目，其背后正是播控平台之争。

2.5　中国 IPTV 牌照商的发展

上海文广

上海文广新闻传媒集团（现"上海东方传媒集团"，英文简称 SMG）是集广播电视节目制作、报刊发行、网络媒体以及娱乐相关业务于一体的多媒体集团，由上海广播电视台出资成立。

2005 年 3 月，上海文广获得了广电总局颁发的第一张 IPTV 牌照，同年 5 月，与中国电信集团公司和网通集团签署 IPTV 战略合作框架协议，在全国范围内开展 IPTV 电视业务。为此，上海文广于 2005 年 11 月成立了上海百视通电视传媒有限公司和百视通网络电视技术发展有限公司作为运营 IPTV 业务的新媒体公司。其中上海百视通电视传媒有限公司是根据国家政策需要成立的、合法持有国家广电总局下发的全国性 IPTV 牌照、从事 IPTV 内容管理和审核的公司；百视通网络电视技术发展有限公司则是具体从事 IPTV 新媒体运营业务的公司。两块牌子一套人马，对外统称百视通公司。

中国最早的 IPTV 商用项目（哈尔滨 IPTV）、中国 IPTV 用户规模最早突破 100 万的商用项目（上海 IPTV）、现网用户规模最大的商用项目（江苏 IPTV）均是上海文广百视通与当地电信运营商合作推动起来的。现在上海文广百视通开展 IPTV 业务的合作范围已拓展至浙江、福建、广东、海南、湖北、辽宁等多个省市，成为中国电信、中国联通目前最大的 IPTV 合作伙伴。

2008 年 2 月 27 日，百视通公司进行了增资扩股，同方股份出资 1.5 亿元分别认购上海百视通电视传媒有限公司和百视通网络电视技术发展有限公司 40% 的股权。增资完成后百视通网络电视技术发展有限公司注册资本为 20310 万元。

2009 年底，百视通公司整合了上海文广旗下的东方宽频和东方龙两家公司，公司股份架构也再度随之产生变化。同时也融合了东方宽频的网络电视和东方龙手机电视业务，为百视通未来发展三屏战略提供了全方位的资源和支持。

2010 年，百视通的实际收入突破 5 亿元，其中 70% 左右来自于与中国电信合作的 IPTV 业务收入分成。截至 2011 年底，百视通拥有的 IPTV 用户接近 1000 万，平均每个用户为百视通提供约 10 元/月左右的 ARPU 值。

2011 年底，百视通成功借壳广电信息上市。

百视通在 IPTV 的用户开发和运营经验上有先发优势，因此，虽然从 2010 年起出现了多家牌照运营商和地方广电竞合的态势，但仍然是中国 IPTV 发展的重要推动者。

央视国际

中央电视台是国内最大的电视节目传媒机构。

2006 年 4 月，中央电视台获得第二张 IPTV 全国牌照后，成立了央视国际（央视国际网络有限公司）全资子公司，负责中央电视台所有基于互联网络、IPTV、移动终端的多平台业务开展与运营，并承担中央电视台以电视节目为主的各类信息资源的网络传播的独家承办和代理。

央视国际的节目资源和政策优势是所有牌照商里最强的。

在节目资源方面，央视国际独享其他牌照商所没有的 CCTV 节目库（中央电视台三套、五套、六套、八套节目目前对于非央视合作的 IPTV 开展地区都不提供），以及多年积累的央视媒体资源。

央视国际初期在 IPTV 业务上的进度比较缓慢，在 2009 年底之前，央视国际只在云南电信、甘肃电信、四川电信的 IPTV 项目合作上取得了一定进展，但建立了 IPTV 发展的"云南模式"。

在政策优势方面，"中央 + 地方"的两级播控平台的方案对央视国际十分有利。

根据广电总局 2010 年 7 月 13 日发布的《关于三网融合试点地区 IPTV 集成播控平台建设有关问题的通知》，IPTV 播控平台采取两级架构，由中央电视台组建中央总平台，中央电视台与地方电视台联合建立试点地区分平台。按

IP，颠覆电视？

照通知精神，中央电视台及中央电视台与地方电视台组成的联合体，将按照统一品牌、统一呼号、统一规划、统一洽谈、分级运营的原则，与负责 IPTV 传输业务的电信企业统一洽谈签约，对外采用统一的播出呼号"中国广电 IPTV"，分级运营管理 IPTV 集成播控总平台与分平台。

2010 年 12 月，央视建设的 IPTV 内容播控平台中央总平台完成，到 2011 年 5 月陆续完成了与四川（绵阳）、北京、湖北（武汉）、广东（深圳）、山东（青岛）、江苏（南京）、湖南（长株潭）8 个三网融合试点城市广电内部的 IPTV 分平台的对接。

南方传媒

南方传媒（南方广播影视传媒集团）挂牌成立于 2004 年 1 月，该集团是广东广电部门的事业型单位，以广东电台、广东电视台、南方电视台、省广播电视技术中心、广东有线广播电视网络股份有限公司五家单位为主体，对广东省内 19 个地市电视台、广播电台、广播电视传输网络公司的影视传播资源和力量进行全面整合。

2006 年 6 月，南方传媒获得第三张 IPTV 全国牌照。在南方传媒获得牌照初期，也试图模仿上海文广的模式，通过与电信运营商合作推广 IPTV，但由于南方传媒是"由省、市、县广播电视系统企事业单位联合组成"的全省性事业单位，难以平衡地方广电利益，所以一直没有开展起来。

2010 年 6 月，南方传媒在 IPTV 牌照年检时，战略性选择了主动放弃。

中国国际广播电台

中国国际广播电台，是中国唯一向全世界广播的国家广播电台，拥有强大的海外信息资源优势。1999 年 8 月，中国国际广播电台电视中心正式成立。

2006 年 10 月，中国国际广播电台获得了广电总局颁发的第四张 IPTV 全国牌照，并于 2007 年初对外开展相关业务，其牌照内容只有自办点播和自办频道的资质。

中国国际广播电台 IPTV 业务对外的运营主体为国广东方网络（北京）有限公司（简称"国广东方"），该公司于 2006 年 11 月正式成立，由"国广传媒发展中心"控股。

国际广播电台的 IPTV 业务，虽有国际资讯的优势，但缺少自控的电视播出平台，因此在业务中更多采取合作的方式，通过联合地方广电打造内容聚合平台来开展业务。

到 2009 年，中国国际广播电台已和湖南电信开展 IPTV 的业务合作，同时吉林、山西、河北等地也在积极合作中。

浙江电视台

浙江电视台的 IPTV 牌照是地方牌照，只允许在浙江省范围内开展业务。

杭州华数是利用该牌照进行业务运营的主体，除了在浙江省范围内开展 IPTV 业务外，也以华数传媒网络公司的名义对外拓展业务，触角延伸至近十四个省 88 个城市。

华数的 IPTV 业务启动早，积累了丰富的版权资源和市场化运营经验。

华数在对外合作中，凭借内容优势、技术优势以及平台优势联手地方广电开拓，甚至在福建、浙江等沿海地区和电信 IPTV 间产生激烈的同质化竞争。

2010 年前，华数的 IPTV 业务模式，采取联手地方广电的双模业务形态，直播走广电的有线网络，点播等业务则是走 IP 网络。由于不具备电信 IPTV 的宽带用户优势，发展速度受限。

由于地方广电条块割据，华数的对外拓展遇到越来越多的阻力。

从 2010 年起，华数开始加大了同各地电信运营商的交流，以输出内容、业务以及牌照的方式展开合作。

2011 年 9 月传出消息，华数将借壳 ST 嘉瑞重组冲刺上市。

华夏安业

华夏安业科技有限公司是唯一在广电体系之外的 IPTV 牌照商。

华夏安业于 2007 年 11 月 30 日正式获得 IPTV 行业牌照，按照牌照限定的内容，只允许开办教育类视听节目的 IPTV 业务。

华夏安业虽然从 2007 年 11 月就拿到了牌照，但一直没有对外宣传和进行实际运作。直到 2008 年底，始酝酿在 IPTV 市场上的进入。

第三章　IPTV 的用户

一方面，用户会塑造媒体；另一方面，媒体也会塑造用户。

对于 IPTV 这样的新兴媒体来说，这两个方面的作用都不容忽视，如果只注意后者而忽视前者就成了"拍脑袋"，如果只注意前者而忽视后者，就很容易自欺欺人。IPTV 是新的，用户在接触和使用之前，并不知道有哪些功能、哪种收看方式会让自己喜欢，也不知道哪类节目用 IPTV 收看更好，这也是开发 IPTV 新节目形态所遇到的最大困难。但用户用了一段时间之后，总会有自己的好恶，总会形成自己的行为特点，即便接触之前对各种媒介的使用也有共同的心理规律，这些来自最终用户的反馈对于调整和完善 IPTV 仍然是最重要的依据。

IPTV 这样的新媒体，在关注用户需求时应该注意两点：一、借鉴其他媒介的用户体验时一定要把握背后的本质规律，而不能只是简单移植，在电视上不好的在 IPTV 不见得不好，网站上好的在 IPTV 上也不一定就好。二、对新的应用、新的尝试千万不要匆匆下结论，收视数据的起伏往往受综合因素影响，用户接受也有个过程，应该观察一段时间之后再作为调整业务的依据。

3.1　用户结构分析

据 TNS 的调查，学龄前儿童和空巢老人是拥有休闲娱乐时间最长的人群，那么这些人是不是 IPTV 的目标用户呢？收视时长大的用户是不是 IPTV 的核心用户呢？

在 TNS 的调查中，有两个结论会影响用户的选择：

1、来自网络的竞争，特别威胁到 TV 整体在年轻人群中的欢迎程度，导致年轻人对 TV 的整体感情相对较低。

2、来自有线电视的竞争，使得 IPTV 在很多家庭中屈居"另一台电视/第二台电视"。

笔者之一刚到上海文广百视通任职时，经常听到两种对目标用户的偏见：一种认为 IPTV 应该主要是给闲在家的老年人看的，一种认为 IPTV 应该主要是给接受能力强的年轻人看的。按照这两个判断走下去，在节目编排和产品设计上都会陷入尴尬的境地，甚至钻入死胡同。

如果 IPTV 的内容主要服务于老年人，会出现三个问题：1、节目源非常有限，很难持续更新，做上一个月就很难做得下去，播完历史题材、革命战争题材、戏曲等适合老年人看的节目，还能再放什么节目能让老年人特别感兴趣呢？2、很难拥有铁杆用户，老年人不是非要看 IPTV 不可，看传统电视是看，看数字电视是看，看 IPTV 也是看，对 IPTV 并不是特别需要，在多个选择面前不会把 IPTV 作为首选。3、老年人并不是有收入有冲动的广告群体。如果以 16－22 岁的青年人为目标群体，就会"剃头挑子一头热"——这些年轻人大都痴迷于电脑，很难拉到电视机旁。

在这里，需要指出的是，用户对节目内容和操作方式的需求应区别对待。内容上是不能过于迁就老年人的，但从操作便利性的角度必须要考虑老年人的习惯，一个好的产品是不能让用户在使用时产生疑惑和犹豫心理的。有一本讲交互设计的书叫《Don't Make Me Think》，就是讲了别让用户琢磨的道理，产品设计也应该遵循这一原则，尽量做成傻瓜式产品。但如果以为内容上也要完全以老年人为主，那就搞混了。这是两码事。

做 IPTV 最大的误区就是完全从收视时长去判断核心用户。什么是核心用户？从本质上看，最需要、最有话语权的才是核心用户，不能只看表面上的收视时长。在 IPTV 的运营模式下，老人是子女安装了 IPTV 才去看的，真正决定是否装机的并不是看电视最长的老人，而是子女，最需要 IPTV 的也不是有充裕时间的老人，而是忙忙碌碌、需要打破时间限制的子女，只有 IPTV 在这方面有优势。如果子女给老人装了别的电视，老人照样看。

综合流媒体网和百视通的调研用户数据，目前的 IPTV 用户大多是家中 2－3 人一起观看 IPTV 节目，使用者不限于购买者本人，也就是说，IPTV 观看是一种家庭式的娱乐休闲活动，难以直接凭用户年龄划分 IPTV 的目标人群。

2008 年尼尔森的一项调查得出如下结论：从总体来看，IPTV 现有用户构成主要是男性（78%），平均年龄为 35 岁，已婚（79%），半数以上有 4 岁以上小孩，平均家庭月收入为 7800 元，50% 以上的人具有大专及以上学历。用户平时的主要休闲活动是上网，小型城市的用户相比大城市的用户更喜欢在家收看 IPTV。他们三分之一的家庭中已有私车，有接近 50% 的用户家中拥有背投/液晶电视，并且有接近 20% 的人在未来一年有计划购买背投/液晶电视。以上数据说明，IPTV 用户来自收入水平中等偏上的家庭。

与传统电视的观众相比，IPTV 的用户群质量更高。据 Nielsen 的研究结果，在传统电视观众中，40 岁以下人群仅占 50% 以下。相比之下，在 IPTV 的用户中，40 岁以下的观众比例达到了 69%，而且其中男性观众比例则高达 80%。这些用户是广告主理想的影响对象。

综合尼尔森、TNS 及上海文广百视通的多次调查，IPTV 电视终端的用户

结构主要有以下特点:

1、家庭用户。三口之家占了五成,大部分家庭的情况是父母装机了,孩子跟着看,少数家庭是父母专门为孩子装机,这种情况在台州反而占了多数;五口之家占了三成,主要是子女装机了,父母随着看,或子女上班时,父母自己看。其他两成用户依次被空巢(子女不在身边的老人家庭)、两口之家和单身青年占据。在空巢中,子女只是开户,平时基本是老人在看。既然是家庭用户,就无法简单地看年龄、性别,而是要看不同家庭成员在安装和使用IPTV 过程中不同的心理特点和行为特点。

2、年龄分布以 30 – 55 岁的中年人为主,其次是初三以下的少年儿童,平均年龄 35 岁。在各驻地中,平均年龄范围最低的是台州,只有 25 – 35岁。这个年龄段低于传统电视,高于互联网,是广告主的理想人群。

3、男女比例超过 3∶1。这跟多数人想象的大不一样,是对受访人群存

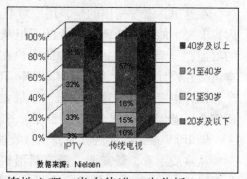

数据来源: Nielsen

在判断误差还是女性对新媒体的接受由惰性心理? 尚有待进一步分析。

4、中高端用户居多。如果剔除家庭结构中的老人和孩子,IPTV 核心用户的收入和学历不仅明显高于传统电视,也高于门户网站。宽带本身就是一个门槛,对带着新媒体标签的接受心理也是一个门槛,这两个门槛把大部分低端用户挡在了门外。

其中,21 – 30 岁这个年龄层次值得注意。这部分人群的消费习惯更趋向IPTV,本来最符合消费目标群特征,但由于他们多是单身,工作流动性较大,以租房为主,接受替代性产品的机会多,所以在实际消费中呈现很大波动性。在调研中发现,这部分人成为 IPTV 用户和成为拆机用户的几率很接近。因此,用什么样的策略来占领这部分人群是 IPTV 的一个战略问题。

为此我们建议,通过 IPTV 业务的差异性优势,带动非宽带用户转化到宽带用户;通过个性化付费点播的挖掘来细分市场,多选择释放消费力;通过IPTV 终端流通、灵活资费,将单身人群纳入 IPTV 用户体系。

3.2　用户兴趣分析

在 2008 年的一次活动中,某公司一位副总对笔者之一说:"IPTV 主攻电影电视剧是错误的,互联网、盗版碟到处都能看到,做影视谁来看呀? 还是做传统电视上看不到的互联网内容有前途。"笔者笑了笑说:"你可能没看收

视数据，看了之后，你的结论完全相反了。"持他这种观点的人，我原来经常碰到，只是没想到，在 IPTV 已经经历了三年时间之后，仍然会有人这样想。

在国内 IPTV 出现之初，在内容选择上有一个普遍的误区。很多人以为，只要把互联网上的图文内容照搬到电视上，就是对传统电视的突破，就能让用户因为在电视上可以看到互联网内容而兴奋，有部分人甚至认为，只有以此为主，才能凸现 IPTV 优势、战胜传统电视。然而，几年下来，这些从互联网上简单拉下来的图文资讯、图文服务，甚至包括一些小视频，都鲜有人去点，收视率非常差。

真正收视率高的还是那些本来也可以用传统电视和 DVD 来看的节目，只不过在 IPTV 上看到的更丰富、更便利。IPTV 的双向特性，让用户的兴趣在自主选择、自主操作中得以更加充分的满足，适合多种用户的节目也呈现出更加个性化、更加多元化的特点。

这不是用户层次高低的问题，是面对不同终端时用户的心理期待和心理习惯问题。

从点播收视时长的份额看，在百视通 IPTV 各大类节目的点播收视排序中，第一名是电视剧，第二名是电影，至于第三名，大家可能想不到，是少儿。2009 年的点播收视份额分布是：电视剧 53%，电影 22%，少儿（哈哈）16%，剩下的娱乐、音乐、财经、纪实、凤凰、时尚、军事等不到一成（如图）。至于图文信息和小视频，在大部分驻地 IPTV 上的收视几乎可以忽略不计。

电视剧的收视份额占绝对大头不难理解，这跟传统电视是一致的。看电视的主要目的本来就是为了休闲，电视剧节奏相对缓慢，即便中间接个电话、上个洗手间，也不会影响观看，也就是看的时候不用特别紧张；电视剧的情节变化和人物挖掘比较充分，容易让用户过瘾，所以电视剧是最适合全家人观看的类别。

少儿频道在传统电视中的收视率并不高，但在 IPTV 中却很高，这与 IPTV 的特性有关系。在传统电视上，如果孩子回家后想看电视，家长一般不同意，让孩子写完作业再看，但写完作业节目也过去了。在 IPTV 上，写完作业照样可以看到想看的节目。而且 IPTV 上的少儿节目更加丰富，既有孩子自己特别喜欢看的动画、动漫，也有家长希望孩子看的教育益智类节目。

电影之所以比少儿高，比电视剧低，是由电影自身的特点和家庭观看的场景决定的。影视是家庭娱乐的重要内容，电影收视靠前很正常。但电影一般 2 小时左右，每晚看一部电影比较合适，看两部电影就有些累了。电影节奏快，稍一耽误就会错过重要情节，看起来也比电视剧紧张。即便只看电影大类中的小类也符合这个心理规律。从收视效果看，虽然很多用户是冲着好莱坞大片来开户的，但真开户之后看得并不是最多；香港电影性价比最高，购买版权的成本不是最高，但收看次数的却最多，香港电影相对轻松，也适合全家观看。

在一般人心目中，体育赛事应该是非常拉动收视的。细心的读者会问，为什么体育的点播收视份额不高？这是因为体育的魅力在于直播中的悬念和刺激，看体育赛事，直播最受关注，其次是回看，最后才是点播。用户在看集锦、看明星时才会想到点播，看点播时已失去狂热，所以，体育赛事的点播比例很低。在百视通的 IPTV 上，集成直播、回看和点播的超级体育看吧，收视还是不错的。

新闻是传统电视上收视率很高的节目，但没有拿进上面的统计里。百视通的新闻起步比较晚，没有放在点播平台里呈现，而是放到了另一个单独的运营平台上，比较起来有点困难。除了这个原因之外，主要是因为视频太短，不好与其他类别比较——如果比时长，每天很少有人能看一个小时之上的新闻，无法与电视剧之类的节目相比，不能因此就说做得比电视剧差；如果比点击，即便新闻做的再烂，点击数也会超过电视剧，也不能因此就说新闻做得比电视剧好，所以，怎么比较都很难得出公正的结论。总体上看，百视通的新闻虽然收视增长很快，但看的人还不够多，将来的收视份额也很难超过影视。

娱乐是互联网门户的点击大户，在传统电视上的受欢迎程度也仅次于电视剧和新闻，很多人也希望于娱乐能成为 IPTV 的一个新增长点，但在前三年，娱乐的收视份额一直不大。原因之一是娱乐没有找到合适的表现形式，过去只放在点播分类里，而点播分类页面是浅蓝色的，比较冷清，目录树的结构也显得死板，不适合表现热热闹闹的娱乐。从 2008 年底，我们把娱乐放进了页面活泼、集成几种收看形式的看吧里，收视猛涨。上面的统计只算了点播分类里的节目，没算在看吧里的收视，不过即便算了进去，还是跟影视无法比。影响娱乐收视的因素，除了页面设计之外，还有个深层的原因是娱乐节目的收看方式。其实，在互联网和传统电视上受欢迎的娱乐内容是不同的，在互联网上点击多的是娱乐资讯，并不是娱乐综艺节目；在传统电视上受欢迎的是娱乐综艺节目，并不是娱乐新闻；娱乐新闻的受众偏年轻化，娱乐节目则皆大欢喜。IPTV 介于互联网和传统电视之间，兼有两种终端的用户心理，不能简单地用互联网或传统电视来类比。笔者在 2008 年底专门在编委会上指出，集成不同收看方式和不同节目类型的看吧，是 IPTV 上最适合表现娱乐的节目形态，这一年多娱乐看吧的收视增长证明了这一点，相信假以时日，会有相当份额。

其他类别的节目，下面专门讲。

由于 IPTV 的传输网络是闭环可控的，用户观看 IPTV 需要先缴费申请，再由电信人员安装调试完毕后，才能观看。用户既不是看了觉得好才安装的，安装之后在一段时间内也不会轻易拆掉。不像互联网已经做了自然选择，看的都是喜欢的，不喜欢也不会强迫自己去看。所以，IPTV 有相当多的用户并不是各类节目的爱好者。

笔者经常遇到一些令我哭笑不得的投诉。这些投诉的用户抱怨 IPTV 上没有经典电影，但他们所指责的那些不经典的电影，恰恰是一般爱好者都熟知片名的经典电影，如《东成西就》、《春光乍泄》等等。在这些投诉者中，不乏少数电信工作人员，他们原本也知道自己不熟悉影视，但做了 IPTV 之后不知为什么就认为自己成了熟知影视的内行。

这说明两方面的问题。一方面，IPTV 的真正核心用户应该是各类节目的爱好者，必须大幅度提高爱好者在用户中的比例，否则，节目办得再好也很难让那些非不爱好的用户觉得好，盲从他们的意见又会在实际上降低节目的质量，不利于 IPTV 的健康发展，从长远看这是非常危险的。另一方面，必须借光造势，利用各种手段加大对节目的挖掘推广力度，引导用户对节目有个正确的感知，形成良性循环。

IPTV 的用户是家庭用户，分析他们的兴趣不能像分析网络视频的个人用户那么简单。既是家庭，就有不同的成员，他们的兴趣有共同的，也有个性化的，不能随便把某个成员的兴趣用来代表整个家庭的兴趣，不能因为一个成员的兴趣而忽视其他成员的兴趣，也不能用个别成员的兴趣抹杀整个家庭的兴趣。

先看相同或接近的兴趣。

一个家庭总要有个共同的时间段在一起看电视，这个时候总要尽量选能让大家共同感兴趣或者兴趣相对接近的节目，至少不会引起部分成员的排斥。

从百视通几年的节目收视情况看，在家里能一起看的有以下种类：大陆热播剧、TVB 和亚视的电视剧、大部分香港电影、票房好的院线片、好莱坞经典剧情片、《快乐大本营》等少数综艺节目。电视剧除苦情戏、韩剧之外，大部分都可以全家看。从电影小类别上看，喜剧片、剧情片、科幻片能够为大部分人接受。

这些节目之所以适合全家人一起看，主要是能让全家人拥有共同的放松休闲空间，一般有以下特点：要么是频频搞笑，有利于制造欢乐的家庭气氛；要么是比较热闹，如香港警匪片；要么是情节引人入胜，让人忘掉现实烦恼，如 TVB 警匪剧；要么是直面现实，容易引出共同的话题，如《蜗居》等热播剧。

再看差异比较大的兴趣。

毕竟不同成员还是有着各自的兴趣偏好，除了共同看电视的时间段外，还有属于各自的时间，或者以某个成员为主，其他人迁就。

需要说明的是，不同人对同一种节目的兴趣会有交叉，很难绝对分清楚，只能看偏好分布的相对比例。这里只大致说说收视的一般规律。在电视剧中，韩剧、苦情戏、情感剧是女性看的多，战争剧、谍战剧、武侠剧是男性看的较多，偶像剧是年轻人看的多，历史剧是中老年看的较多。在电影中，动作片、警匪片、战争片、惊悚片、赌片是男性看的多，爱情片、文艺片是女性较多；从百视通的收视分析看，好莱坞大片基本以男性为主。娱乐以年轻人偏多，新闻以中年人偏多。在纪实中，人文历史类以中老年偏多，自然探索类以中青年偏多。时尚的观众绝大部分是女性，体育的观众则相对以男性偏多。

上面说的只是一般性规律，由于不同元素的组合，也会有特例。比如，《潜伏》作为谍战剧，本来应该大部分是男性观众，但由于孙红雷和姚晨的特色表演、经典搞笑的台词、让人联想到办公室政治的情节，已经完全摆脱了《保密局的枪声》这种红色谍战剧的痕迹，成为可以满足多种人胃口的另类谍战剧：男性看悬念刺激，女性看浪漫爱情，白领看职场生存，老年人看地下工作。再比如，《蜗居》作为都市情感剧本应以女性观众偏多，但由于生活原味的细节和直面现实的情节，也吸引了大量男性观众，各个年龄段的人群都会从中找到引发自己感慨的东西。

无法机械分析还有个原因，很多人对节目的选择未必跟年龄、性别、文化背景有关，而是跟自己的心理情境有关。有个现象一般人想不到。虽然看电影比较累，看电视剧比较放松，但在中青年中，喜欢看电影的反而是有闲暇的、自控时间较多的人，因为有时间的时候即便多看一部电影也不觉得神经紧张；喜欢看电视剧的却是比较忙碌的人，因为看电视剧不必老盯着，淋漓尽致的情节起伏也容易让人忘掉现实烦恼，有时候本想只看一集，但却不知不觉看了好几集。当然，老年人整体上还是更喜欢电视剧。

对于以电视机为终端的 IPTV 来说，在无法达到海量存储的现阶段，还是应该以满足多种人群口味、引发多种人群共鸣的节目为主，至于个性化的节目可以做成长尾。

3.3 用户行为分析

以电视为终端的 IPTV 刚刚兴起的时候，无论从业者还是研究者，大都绞尽脑汁去想怎么把互联网的应用搬到 IPTV 上，一些从业者也以想出这方面的解决方案而自豪。笔者看到过很多公司展示的 EPG，除了给人"炫"的感觉，再就是"高、精、尖"。

与之相反，几年来用户调研中有个不断重复出现的反馈，就是埋怨 IPTV 太复杂，用起来太麻烦。提这种意见的人，不仅包括老年人，也有中青年。

这就有个适合用户的问题，有一个在适应用户和引领用户之间怎么找到合适度的问题。

第一个适合是阶段性适合。有些应用过于超前，可能再过几年会受到大部分用户的欢迎，但在目前的多数用户中接受起来还有难度。

笔者之一曾经在一篇文章中说过一个笑话。格力空调原来出过一款没有声音的空调，很先进，结果卖不动。卖场内的顾客说，你这个空调有毛病呀，连动静都没有。格力哭笑不得，只好把空调改"落后"了，结果大受"落后"的顾客欢迎。这说明，有时候内容"适合"更重要。

IPTV 刚刚出现的两年，中老年占了绝大多数，有些年轻人开户了，也是主要是给家里的老人打发寂寞时间而开的。从奥运转播开始，尤其是几个"看吧"出现之后，年轻人的比例开始增大。这从一些互联化明显的娱乐恶搞专题仍能获得追捧可以看得出来。

这几年，点播所占收视份额逐渐超过直播和回看的现象，说明"主动选择"正越来越成为用户的主要观看方式。在 IPTV 发展前期，三种收看形式中，回看所占收视份额最大，点播在有的驻地占第二位，在有的驻地只占第三位。发展两三年后，三种收看形式的收视比例发生变化，在开展业务的驻地中，基本是点播第一，回看第二，直播第三。在上海，原来点播的收视份额只有百分之三十多，从 2007 年末开始已经达到了百分之六十多，其他开展业务的驻地都在百分之七八十。

相信随着用户群结构的变化，当青年人占到较大比例时，IPTV 所应适应的用户行为特征还会出现变化。

即便同一个用户群，在使用 IPTV 的过程中，其行为特征也会发生变化。刚从传统电视转过来时，"懒人"的习惯会特别重，随着时间的推移，自主选择、自主掌控的需求会越来越强。

因此，准确判断用户行为，还要看 IPTV 处于哪个发展阶段，看 IPTV 在某个区域的发展阶段。

第二个适合是终端场景适合。加机顶盒的电视也是电视，看电视是一家人轻松休闲的方式。别说老年人排斥复杂的界面、复杂的操作，即便对电脑操作比较熟悉的中青年上班族，累了一天回到家里之后，也只想朝沙发上一歪，面对电视放松放松，不想再累大脑。

由于终端还是电视机，所以，IPTV 大部分现有用户也是从传统电视的观众中过渡过来的，具有"沙发文化"情境中不愿意太费脑子的"懒人"特征，希望收看 IPTV 时能够轻松随意。看电视和上网是完全不同的，上网是守在电脑旁边近距离操作，可以随意用鼠标点击、移动或缩放网页，屏幕上的图文不需要很大就能看清楚，栏目多、层次多并不会受不了；而看电视需要在离屏幕两三米之外操作，遥控器也远不如鼠标灵活，视频和图文小了都看不清楚，结构复杂了又很难找到节目，所以，用户更依赖于推荐位和关联通道，更受 EPG 架构的制约。

用户开机之后，由于电视屏幕上呈现的具体节目有限，一般先看图片位和滚动 Trailer 上的推荐，如果感兴趣了就点进去找这个节目。如果不感兴趣，会有两种选择：大部分老用户习惯于从上方的"点播"、"回看"、"频道"等功能入口进去；大部分新用户喜欢从"电影"、"新闻"、"娱乐"等内容类别入口直接进去找节目。进入点播区域后，用户一般也是先看图片推荐和文字推荐，再进入二级分类找节目。推荐方式还有播出过程中的 TVMS 和浮动页面、节目结束后的推问推荐，相对来说，播出过程中由于已经选定，很难离开当前视频换到推荐的节目；节目结束后的推荐相对有点作用。

IPTV 是介于传统电视和互联网之间的媒介形态，所以，用户在观看时兼有使用两种媒介终端的特点，既要照顾"懒人"的习惯，又要照顾主动选择的挑剔心理，不能简单地跟互联网或传统电视类比。

这就出现了一个难以处理的矛盾：如果为了减少层次，把尽可能多的 button 和推荐位挤满一层页面，用户看起来会很难受，也觉没有看电视的感觉；但如果想减少页面上的 button 和推荐位，又容易导致翻页数量相应增多，令用户嫌麻烦。IPTV 创办后的这几年，设计部门一直被这个矛盾困扰，不是挨这方面的骂，就是挨那方面的骂，今天从这方面提意见的同事忘了昨天是从那方面提的，翻来覆去令人头疼，哪方面似乎都有道理。

这就需要定一个合理的"度"，不能顾此失彼，按下葫芦起了瓢。这个"度"是在不断对用户反馈进行客观、全面的分析之后逐渐修正确定的。所谓"客观、全面的分析"非常关键。虽然同是用户，往往张三这样说，李四那样说；或者，虽是同是一个用户，他今天这样说，明天又那样说，如果张三和李四都是领导，设计部门就更难办了。所以，我给设计部门的负责人打气说：只要真正做到了"客观全面的用户分析"，做到了充分的用户体验，可以把领导的意见只作为参考，提出自己的判断，不要摇来摆去，无所适从。

IPTV 的节目非常丰富，好处是用户可选择的多了，想看就看；缺点是用户不容易形成的兴奋点，既很难知道节目什么时候更新，节目更新了也不太珍惜；既不太有明确的期待，也不担心耽误看，关注度和观看行为也由此容易分散。因此，百视通 IPTV 决定借鉴传统电视的做法，固定时间更新，提前预告炒作，引导并强化用户的行为。比如，我们把"看大片"放到每周四晚更新，把首映专区放到每周五晚更新，把韩剧放到每周三晚上更新，渐渐地，喜欢好莱坞大片、院线新片、韩剧的用户每周都会隐隐先充满期待，到了时间便忍不住去点播新的更新，有想看的会兴奋，没想看的会失落，既形成了行为习惯，也因聚焦而提高了关注度。韩剧原来不固定更新时，收视率不理想，2009 年 2 月形成更新规律后，收视率提高很快，全国大约有 36% 的开机用户看过韩剧。

　　笔者曾在新浪微博中说："Groupon 们不是让用户置身于眼花缭乱的信息负担中，而是告诉用户"每天只能购一次，再不购就没机会了"。这个规则让用户吊起了胃口，加速了冲动消费的过程。""电视上每天只能看两集《三国》，每周只能看一次"快乐大本营"，网上却可一次看多集电视剧或多期节目。但为什么观众还是常对电视欲罢不能？不仅有用户群因素，还由于那种看之前的期待和观看中的新鲜刺激。"这个道理是一样的。

　　有些行为是由遥控器的性能决定的。本来，在电视屏幕显示有限的情况下，用户会应该有搜索的需求，但由于遥控器打字相当麻烦，不如键盘方便，所以，IPTV 的搜索功能很少被使用。

　　有些行为是自主选择、自主控制的延伸。在 IPTV 上，如果没看完节目就退出，系统会提请用户记录一个书签，以便用户下一次进入时直接从"书签"开始观看，放心离开，便捷进入，不必从头再放。由于推广不够，许多人并不知道书签是什么，所以一开始时使用书签的用户并不多，但只要使用过书签之后，用户就离不开这个功能了，慢慢形成了口碑传播，使用书签的越来越多。

　　书签功能也提示我们：基于用户行为记录的开发，可以提供体现 IPTV 优势的服务。笔直之一在 2007 年提出了"行为关联"的概念，与同事们一起设计了方案，可惜 IPTV 的研发部署过程太长，到离职时仍未看到。

　　既然 IPTV 兼有传统电视和互联网的特质，那么，应该怎么瞄准用户的行为？

　　笔者在刚刚加盟上海文广百视通时，曾对采访的网易编辑说一句话："IPTV 应该提供'电视的观赏体验＋互联网的应用服务'，前者是表现形态，后者是内在组织逻辑。我们将与电信合作伙伴一起，通过新的节目生产方式、组织方式和推送方式，把 IPTV 真正做成区别于开路电视的'我的电视'。"经过三年实践，笔者越发坚信这句话是对的。

3.4 区域差异化分析

笔者刚刚从互联网转到 IPTV 的时候，对节目运营的区域差异很是下了一番功夫去了解。在互联网，只要在总部发布一下就 OK 了；在 IPTV，虽然节目仍然是统一下发，但各地节目的推荐编排都有所不同，主要是突出强调的节目会有点差别。随着时间的推移，笔者越发体会到，IPTV 的节目运营需要在内容的区域差异化方面精耕细作，但这并等于要本地化运营。至于原因，我在下面详述。

IPTV 是在各地落地运营的，IPTV 在各地的市场发展阶段不同，用户的兴趣、需求、背景、心理特征、行为习惯都不完全相同，所以，面向各地的节目运营也会各有侧重，很难完全一样。如果差别明显倒好办，但是除了广州之外的大部分驻地还是同多异少，或者在内容的大类别上兴趣相似，却在小类别上有差别，需要仔细分析当地的收视特点。IPTV 是 B－B－C 的模式，只有节目找准了当地用户的需要，才能让当地运营商有信心去推广推动。

那么，节目的区域差异有哪些呢？这可能要要结合节目类别分别看。

广州是地域特色最为明显的城市，明显到几乎有一半节目编排无法照搬上海总部下发的单子。笔者之一曾经在广州工作了两年零三个月，对此感受颇深。在一般人印象里，央视一年一度的春节联欢晚会肯定是家家户户关注的大热点。笔者刚到 21CN 任总编时，也是按照这个一般规律要求编辑关注央视春晚，没想到编辑憋了半天对我说："从 21CN 面向全国的角度，春晚是应该关注，不过广州人是不太关心春晚的。"我马上进行了调查，果然如此，不仅大多广州本地人不看央视春晚，甚至有些人居然从来没听说过央视春晚。后来笔者到上海文广百视通任职后，专门向总部和当地的编辑讲了广州特征。广州人在娱乐化、休闲化、生活化方面的程度非常高，随便一个人拉出来，对娱乐、影视明星的熟悉程度都不比北方的专业编辑差。他们喜欢看港台电影、电视剧，对港台明星的八卦花边津津乐道，对那些打情骂俏、北方人觉得没内涵的娱乐节目乐在其中——他们觉得这才是真正的娱乐，觉得北方的娱乐节目装模作样；广州是美食地位最高的城市，美食节目很受欢迎，连大男人也可以在聚餐的时候只谈吃不谈正事；广州本地没有什么好的旅游资源，但旅游市场很火，到外地去旅游的人数在全国屈指可数；广州的赌球市场非常大，体育赛事节目和博彩信息都比较受欢迎；粤语的影响力、表现力非常强，相当多的用户只习惯于看粤语节目。

上述特征在广州本地人身上非常突出，但在目前这个阶段真正对 IPTV 产生兴趣的却大多是在广州生活的外地人，或者是受当地文化熏陶的外地人，因此，虽然本地化需求远比其他驻地突出，但绝不是语种这么简单，而是语言背后的、当地文化所塑造的兴趣需求。举三类例子：一类是香港电影，生活在广州的外地人也更喜欢粤语片，肯定不是因为他们只懂粤语，而是因为粤语更能表现出香港电影的味道。比如，看周星驰电影，只有看粤语的才能充分感受到周式幽默，如果看国语配音的，效果就大打折扣了，王晶的电影也是如此。第二类是电视剧，看 TVB 剧以粤语的效果为最好，但大陆热播剧就未必，在《我的团长我的团》、《我的兄弟叫顺溜》等剧中，方言或地方普通话成了展现人物性格的特色，如果改成粤语就一点味道没有了。即便在香港，大陆热播剧也很畅销，广州赶时髦很正常，这与氛围造成的口味有关。第三类是娱乐，新广州人除了也把港台综艺当成最爱外，还喜欢湖南卫视的娱乐节目，至于本地台制作的娱乐节目，反倒并不是最爱。总之，内容口味才是根本，语种只是表面化的东西。这里有交叉影响，没有在广州生活过的人是体会不到的。

再举一个北方的城市哈尔滨为例。提起娱乐，大家往往首先想起广州，一般人想不到，在 IPTV 上对娱乐内容诉求最高的是哈尔滨。在哈尔滨，综合所有新闻类别的收视排行前 20 名中，有一半是娱乐八卦新闻；在观看路径方面与其他城市不同的是，用户进入新闻中心后，大部分不是先看焦点新闻，而是先看娱乐新闻。在其他城市，前 20 条新闻基本都是焦点新闻，用户观看的路径是先看焦点新闻再看娱乐新闻或社会新闻。在娱乐综艺节目中，哈尔滨的收视也是最为突出的，人均观看时长在各地中最长，其次才是广州。

只不过哈尔滨喜欢的娱乐与广州等地喜欢的娱乐是两种娱乐。2009 年 4 月初，就像约好了似的，演艺圈的各种婚变传闻纷至沓来，集中爆发，以至于有人写了个博文叫《伊能静，贾静雯，陈小艺，沈星，开创娱乐韵事时代》。在这段时间，无论传统媒体还是网络媒体，报道最多的是贾静雯婚变风波，在 IPTV 上，绝大部分驻地用户点的最多的也是贾静雯婚变，只有在哈尔滨，陈小艺婚变传闻的访次超过了贾静雯。大多哈尔滨人似乎更熟悉、更关注大陆明星，更喜欢北方综艺和相声、小品等曲艺节目，而广东、福建等地用户则对港台明星新闻、港台综艺节目更感兴趣。至于东北二人转这样的本地化娱乐节目，在哈尔滨的受欢迎程度更是远远超过了东北之外的其他地方。2009 年春节，小沈阳在春晚火爆之后，他的节目虽在各地都点的不错，但仍是哈尔滨最高。

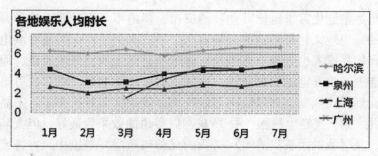

图上为各地人均访次分布

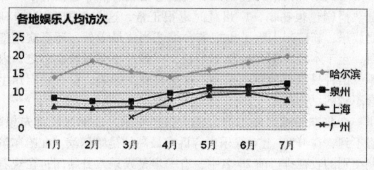

图上为各地人均时长分布

　　象广州和哈尔滨的地域特色这么突出的并不多，大部分城市、大部分省份之间是接近之中有差别。这个差别需要仔细从收视数据中挖掘。

　　以电影的区域特征为例。总体上看，各地用户都比较喜欢港台的喜剧片、动作片、枪战片、情感片和欧美的动作片、惊险片，只是喜欢的程度略有不同；相对来说，上海和江浙一带的口味比较近，北方的哈尔滨反而与南方的福建比较接近。同样是港台动作片，在哈尔滨和福州，有没有动作明星对片子的吸引力影响很大，而在上海、浙江和泉州，有无打星并不能明显影响这类电影的收视效果。在欧美片中，泉州、福州、浙江、哈尔滨的用户比较喜欢惊险类电影，上海用户更偏重欧美动作类电影，对猛兽片反应一般。上海和江浙的用户往往首先投诉节目不够新，哈尔滨与福建往往首先提中文配音。数据显示，上海看英文版与看中文版的比例是 3：1，哈尔滨看中文与看英文版的比例是 10：1。

　　用户对电视剧的选择除了在口味上与电影接近之外，还主要受当地传统电视台热播剧的影响，如果当地电视台正在放一部剧，这部剧也会在当地的IPTV上受到关注。

　　按说体育、纪实类节目不应该有区域差别，但从收视上看，各地还是有所偏好的。在体育方面，上海对国外的赛事关注程度比较高，其次是江苏；而福州、泉州、哈尔滨等其他驻地对国内联赛的反应比较大。在纪实方面，南方对纪实节目的关注超过北方，上海、江苏对国外的纪实品牌节目相对看重，其他驻地对历史人文类的国内纪实节目更感兴趣，哈尔滨对军事纪实节目比较喜欢，《中国远征军》的访次比其他驻地高。

IPTV 观看室内场景的地区差异也比较大。厦门、泉州、哈尔滨和沈阳绝大多数人在客厅里观看 IPTV（70% 以上），而上海和江苏城市更多于在卧室观看 IPTV（50% 以上）。

笔者前面提过，IPTV 的节目运营需要注意区域差异化，但这并不等于必须要本地化运营。这是因为，各地节目的总体收视规律是大体相同的，都是电视剧收视第一，电影第二，少儿第三，都喜欢港台的电影电视剧，相同或接近的节目类型在收视份额中所占比例高，本地特有的节目所占比例小，对区域化特征需要精耕细作，但不能盲目扩大。如果盲目夸大本地特有节目的作用，在哈尔滨主做东北二人转，在广州只做粤语节目，危险性更大。

不管怎么说，在 IPTV 的节目运营中，如何完善总部与驻地之间的双向沟通和调节机制，是一项需要瞪起眼睛去抓的工作。

第四章　IPTV 的内容拉动规律

笔者曾经在一次校园招聘会上这样回答大学生的提问：IPTV 的内容产品部就是"用户的厨房"，采购完各种原料、配料之后，按照各种用户的口味做出可口的菜肴。烹调的配比、火候都有讲究，不同背景、不同区域的顾客对菜肴的评价也有所不同。IPTV 的主要节目类别就是让用户品尝的各种"主菜"。

4.1　电视剧收视规律

只要终端是电视机，在中国大陆 IPTV 上收视最好的肯定是电视剧。电视剧最适于家庭观看的场景，最有利于娱乐休闲的氛围。看电视剧的时候，用户比较随意，不耽误打电话、上厕所，没有被强迫的感觉；如果电视剧的情节好，用户往往欲罢不能，在好奇和期待中不自觉地投入到剧情里，忘却现实烦恼；遇到一些话题，一家人还可以一起议论一番，让家里不再冷清。在百视通的 IPTV 上，电视剧的收视份额一直比第二名的电影高 20% 左右。

在电视剧的收视排行中，大陆热播剧排第一，TVB 排第二，韩剧排第三。

在大陆热播剧中，题材没有固定规律，完全看当时的炒作热度和广度。当用户周围的同事、亲友都在看某部剧的时候，如果自己不看就少了很多话题，容易被排斥在氛围之外，这种心理促使他们会去追随热点，并不完全按照自己的口味。2007 年初的时候，讲述移民家庭奋斗史的《闯关东》出人意料地火了，这部剧说的不是大题材大人物，也不是容易共鸣的现实矛盾，没有年轻的偶像，没有娱乐化元素，没有出名的文学作品作先期铺垫，但却以一个普通家庭背井离乡后的奋争命运，让觉得活着不易的人们在天地之间找到了坚实的根，让无数人为之热泪盈眶。可惜这种题材的热度并没有延续下去，2007 年下半年收视率更高的《李小龙传奇》与《闯关东》题材完全没有关系，这部情节拖沓的电视剧之所以能热，只是与人们对英雄传奇的好奇和央八的炒作有关。而后来拍出的《闯关东》续集，也远没有达到《闯关东》首播时的热度。2009 年的电视剧热度倒是有一定规律，却也不尽然。笔者也曾在 2008 年底预测：由于受建国 60 周年的影响，好导演、好演员会投入到相关剧的拍摄，所以，2009 年的谍战剧和战争剧应该会摆脱了千篇一律的模式而大火起来。果然，以《潜伏》、《地下地上》为代表的谍战剧，和以《我的团长我的团》、《人间正道是沧桑》、《我的兄弟叫顺溜》等战争剧都火了，谍战剧的热度一直持续到 2010 年。但 2009 年下半年首播的《蜗居》却跟这个背景毫无关系，原汁原味的现实感和生活感，再加上大胆的台词，令这部剧不得不火。2010 年初火的《神话》则是一部偶像穿越剧，跟以往所有热播剧题材都不同。因此，完全从题材口味上去预测热播剧非常难，只能靠对前期片花和炒作力度的敏感。

炒作效果好的主要是两种渠道。一种是央视、卫视联播等传统电视渠道。原来卫视联播一般是"四＋一"，到 2009 年，一般开始采用"四＋N"模式推广。传统电视渠道是非常强势的，容易暴热。一种是互联网网民口碑，这种渠道比较慢热，如《奋斗》、《士兵突击》等，初期在传统电视首播时并不热，是网上形成口碑后热起来的。当然，并不是电视炒作的就必然暴热，慢热的也未必就是通过网络，但暴热的往往持续时间不长，如《我的团长我的团》在二三轮播的时候就看的人少了；慢热的往往持续时间很长，如《潜伏》其实是 2008 年首播的，但真正热起来却是在 2009 年，播了几轮仍然收视很好。

不少人会问，既然用户在传统电视上都能看到，为什么还会到 IPTV 上去看？IPTV 不是应该放些电视上看不到的才有出路吗？比传统电视播得更早不是更有吸引力吗？在 IPTV 初期，很多人就持有这种想法，但几年的实践证明，总体上这是想当然的。举个例子，《士兵突击》还没有引起注意的时候，我们的编辑潘利民就预感到这个剧有《亮剑》的潜力，于是我们赶在还没有在电视台大热之前就播了，但收视效果很一般，直到这部剧在网上走红之后，收视率才开始明显上涨，而这距陕西地面台首播已经 6 个月了。这有几个方面的原因：一、传统电视的播放是有固定时间限制的，一旦漏看了、耽误了，或者一旦还想回头重复看某个细节，都很难解决，而 IPTV 特有的回看、时移功能可以很好地解决这个问题，所以，用户不会因为传统电视有就不看 IPTV。

二、电视剧实在太多，每个剧又有很多集，用户自己选择电视剧是有时间成本的，而在传统电视已经热了后再去看就省了这个选择成本，不用费脑子了。因此，绝大部分电视剧在 IPTV 平台上的一个基本规律是"跟风"，即跟着当下热播走，也有少量类似新版《射雕英雄传》等用户本来就期待的剧同步播出的效果很好，超前播出的失败概率很高。目前阶段，IPTV 毕竟不是强势平台。

TVB（香港无线）的电视剧是真正靠"好看"吸引用户的，不是仅靠炒作来带动用户盲从的，无论从剧情风格还是表演风格看，都是实际上最受家庭欢迎的剧种。虽然比大陆热播剧的收视略低，但比往年大陆剧等非当下热播剧的收视却要高得多，而且从持续热度的角度也比大陆热播剧高。由于 TVB 的新剧一般不能同步在大陆电视台上播放，老剧也只播过一小部分，大陆的观众并不是对所有剧都熟悉，所以，跟大陆热播剧相比会在收视上吃点亏。但与大陆往年出品的电视剧相比，TVB 经典电视剧在访次、时长、持续收看热度等方面却要明显高出跟多，象翁美玲的 83 版《射雕英雄传》、罗嘉良的《创世纪》、刘青云的《大时代》、陶大宇的《刑事侦缉档案》等都是脍炙人口、长盛不衰，每次重播，收视都不错。TVB 电视剧的持续热度还来自于经典系列剧，比如，2005 年的《学警雄心》、2007 年的《学警出更》、2009 年的《学警狙击》，《学警》系列三度登场，每一部都留下想头，吊起观众胃口，让观众在期待中关注下一步。

TVB 电视剧有一个非常忠诚的粉丝群，我们曾经与 TVB 在露天广场联合搞了一个明星见面会，那天下着小雨，没想到很多浙江、福建粉丝专程从外地赶来冒雨参加活动。对这部分人来说，能够在 IPTV 的电视终端上点播 TVB，想看就看，是绝对过瘾的事情。

笔者加盟百视通之前，百视通还没有引进 TVB。笔者加盟之后，与同事们达成一个共识：有了 TVB 这棵收视常青树，有了 TVB 迷这个忠诚群体，IPTV 就有了稳定的收视、稳定的用户群，无论如何都要引进。TVB 电视剧在百视通 IPTV 落户之后，成为 IPTV 吸引用户、留住用户的有力支撑。

从用户访谈中发现，虽然 TVB 的电视剧本身很受欢迎，但 TVB 这个品牌的号召力是有南北差异的。在南方，人们大都熟知 TVB 这个品牌，尤其在广东家喻户晓；但在北方，不少人虽然很喜欢看 TVB 的电视剧，却不知道这些电视剧是 TVB 的，对 TVB 这三个字母所代表的品牌不熟悉。因此，我们在北方运营时，就非常注意引导用户把大家耳熟能详的经典剧和 TVB 品牌联系起来。在大陆，由于大部分人是通过网络了解 TVB 的，从电视上接触比较少，所以，TVB 的年轻用户比例比大陆热播剧高，这对改善 IPTV 的用户结构很有好处。

　　韩剧无疑是一个重要的电视剧品种，大家至今仍然对《大长今》的收视狂潮记忆犹新。但除了《大长今》，绝大多数韩剧并不是人人爱看的，韩剧还是分众的，只不过这个分众对韩剧非常痴迷。相对来说，女性用户更爱看韩剧，大多男性用户则嫌韩剧婆婆妈妈；对女性用户而言，年龄跨度较广，从中青年到少女都有；对男性用户而言，则以年轻人居多，这些男青年也主要对偶像剧、情感剧、励志剧情有独钟，对家长里短的家庭伦理剧则兴趣平平了。《大长今》播出后的那一两年似乎是一个收视顶峰，之后几年，观众对韩剧的热情再也没有那么高了，除了湖南卫视一直在坚持，多数传统电视频道也很少播出韩剧了，在这种情况下，IPTV 就很难借光了，中年用户只是对经典韩剧相对熟悉，青年用户主要是通过互联网来了解更多的韩剧。从这个角度看，有一点与 TVB 电视剧相似，就是做韩剧有利于改善用户结构。华数引进韩剧比较早，百视通在笔者加盟之前没有集中引进韩剧，直到 2008 年才弥补了这个缺憾。

　　有了大陆热播剧、TVB 电视剧、韩剧三个重要品种的支撑，IPTV 点电视剧的收视基础就坚实了。

　　至于美剧，受许可控制政策的影响，没有去做，在此不再叙述。

　　电视剧是占用资源最大的节目类型，不仅对存储条件提出了要求，也对更新策略提出了要求。每部电视剧平均在三四十集左右，个别长的如《珠光宝气》长达 80 集，所以，在所有节目类型中，在线的部数最少，占用的存储最多，既然主打电视剧，就要求存储条件必须跟上。华数的在线电视剧数量一直比上海文广百视通多，就是因为他们的存储更大。百视通是与电信等运营商合作运营的，按照分工，存储资源由各地运营商提供，而存储是一个很大的成本，运营商也是要核算的，所以，这几年百视通和各地电信一直在为扩不扩存储、什么时候扩存储而纠结不断。笔者刚到百视通时，各地存储平均不到 6000 小时，除去电影等节目，只能在线上传不到 100 部电视剧，至 2008 年下半和 2009 年初，各地存储才达到平均 10000 小时以上，可在线 200 部电视剧。这个存储量与电视剧的运营需要仍是不匹配的。电视剧的特点是：虽然收视总量很大，但在平时用户的观看是分流的，除了大热点，日常基本分布在各个类别的电视剧上，看韩剧的不太看大陆战争剧，看战争剧的不太看韩剧，具有长尾的需求特点，显然目前阶段的在线量不足以支撑长尾。存储不够，就需要用不断的更新来弥补，而假如更新太快又让用户来不及看完，这就要求编辑根据用户观看的习惯和具体热点的持续长度来合理编排。当然，由于看这一部的时候，并不代表另一部不喜欢看，每一部又都需要观看较长时间，编辑很难判断用户看过什么没看过什么，所以，解决客观的存储条件才是根本。

电视剧集数多、文件大，所以在节目运营上必须打一个提前量，提前预估存储，提前做好上线规划和下线规划，提前压片和转码。

电视剧的区域化热度与本地用户口味没有必然关系，主要受当地传统电视台播出的影响，但这种影响正在逐年降低，尤其是在热播剧方面。在2008年上半年之前，这种影响比较明显，当地台播了，本地IPTV的收视就跟着好起来；当地台没播，本地IPTV的收视就很难好。比如，《金婚》这部好剧在IPTV上线后，各地的收视效果是不同的，我们是在SMG电视剧频道首播一周后上线的，在上海地区的效果不错，在其他驻地就一般；几个月后安徽卫视播出之后，我们又在安徽驻地再次推荐，收视效果马上好了起来。不过，随着电视台在"4+N"模式和互联网宣传等方面炒作力度的加大，用户不再只受本地卫视的影响，本地台没播，如果其他台炒热了，照样跟着看。在2009年这个现象尤其明显，不管各地电视台播没播，几部热播剧在全国都是几乎同时热了起来。

4.2　电影收视规律

电影爱好者一般追求视听效果，按说 IPTV 目前阶段的图像质量、音响效果都是很不理想的。但是，用电视屏幕观看毕竟比用电脑观看效果更爽，而且适于全家人在一起观看；同是电视终端，IPTV 的电影点播量远远高于传统电视的电影播出量；与用 DVD 看碟相比，IPTV 虽然视听效果略逊，但省钱却省大了。

IPTV 电影的用户大多是三口之家中的大人，孩子在 5 岁以上，大人在 30 -45 岁左右。他们离开了两人世界或单人世界后，不再是电影院的常客，而是渐渐更喜欢在家庭里看电影的氛围。老人能接受的电影不多，如果是五口之家，很可能会迁就老人去看电视剧，所以，IPTV 的电影用户还是更多集中在三口之家。在这样的家庭里，一般是男性用户先选了电影，然后其他家庭成员跟着看。我们把每天在 IPTV 首选电影观看的用户叫作重度用户，据统计，百视通 IPTV 的重度用户平均每周点播 7 部电影，这个数字对上班族来说是比较多了，但对老人、大学生等有闲人群来说偏少，说明百视通 IPTV 的电影用户大多仍是上班族。由于电影的节奏不太适合断断续续地看，大部分用户习惯于选择周末的时间来完整看

电影，在工作日，重度用户的作用十分明显。据统计，这些重度用户只占所有电影访客的 6%，但在工作日却贡献了 52% 的点击数；到了周末，由于电影访客大量增加，重度观众的收视比例比平时下降，但他们的点击贡献仍占 34.2%。因此，我们在工作日的电影编排中更多考虑电影爱好者、电影发烧友的口味，在周末则会偏重适合全家人观看的大众化电影。

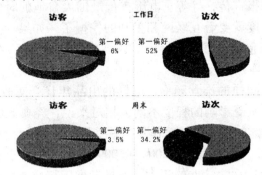

图上为重度用户对电影收视的贡献度。

电影是特别容易聚合人气的，所以，没做按次点播收费的院线大片是最受关

注的，收视远超过非院线的片库点播。在非院线的片库中，最受欢迎的是香港电影，其次是欧美电影，再次是大陆电影。由于 IPTV 用户是家庭用户，弱化了个性化情境，所以，情感片、动作片、枪战片、惊悚片等故事片

的收视比科教片、新闻片、纪录片等非故事片高得多，非故事片即便名头再响，在 IPTV 的效果也不好，如贾樟柯的《24 城记》。在香港电影中，访次和时长都很高的电影有：《倩女幽魂》之类的惊悚片，周星驰、刘镇伟等的喜剧片，甄子丹、李小龙等的动作片，《无间道》、《枪火》、《英雄本色》等警匪片，《赌神》、《赌侠》等赌片，这些类型的电影受到大多数用户的喜欢，不仅喜欢题材，而且能够跟着情节看下去；情感片的访次不是很高，但时长比较长，说明这类电影是一部分人喜欢，看的人不是最多，但都能看完。在欧美电影中，惊险片、动作片、科幻片比较受欢迎，选的人较多，看的时间较长；情感片次之，选的不多，看的较长；最差的是改编自名著的经典电影，用户很难有耐心看下去，无论访次还是时长都很低。在大陆电影中，冯小刚等名导的电影相对受欢迎，红色经典选的不多，看的较长，估计是老年观众在看。

"兴趣分析"部分讲过了，由于目前阶段的 IPTV 电影用户并不全是电影爱好者，即便编播了好电影，很多用户未必关注，未必领情，所以，IPTV 的电影需要借助外部的推广力量来拉动用户。好莱坞电影的巨大影响，是用巨资砸出来的，其营销成本占到总成本的三分之一，而且比例越来越大，增长速度超过制作成本。如果 IPTV 只想靠自己的力量达到同样的效果，就也要为一部具体电影砸入巨资，这显然是不现实的，只能借光造势。因此，我们的编辑在编排时非常关注一部电影立体营销的力度，紧盯电视台上的预告片花、访谈宣传，紧盯票房排行榜，紧盯网站上的点击排行、收藏排行和炒作热度，紧盯报刊宣传和海报宣传，等等。电影宣传最铺天盖地的时候是院线首映前后，此后的持续热度就要看互联网和报刊的挖掘了。如果一部影片很好，却在现阶段找不到可借助的推广力量，就必须在 IPTV 自有平台上通过 trailers、推荐位和专辑挖掘等形式反复推广。

同样的题材，同样的推荐频率，电影的出品年代会对收视有一定影响。但不同题材的影片所受影响的程度不同，相对来说，经典的剧情片不太受年代影响，但比较依靠制作效果的动作片等就受影响比较大，60 年代的武打片现在显得太粗糙了。总体上看，2000 - 2009 年出品的电影还是收视最好，1990 - 1999 年的电影次之，差的不大，如果考虑版权成本因素，1990 - 1999 年的电影性价比最好。

电影在 IPTV 上线之后，一开始会出现一个为期一周的收视小高峰，然后缓缓下滑，形成一个长尾。如果是好看的电影，高潮期会延长到 10 天左右，然后照样下滑。以用户喜欢的港台动作片、喜剧片的效果为例，在上海上线一周后开始下降，半个月后到达率就会降到 1% 左右。如果把电影做成专辑重新包装挖掘，会把收视高潮的周期从一周拉长到半个月。

在一周当中，周末收视高峰的访次是工作日收视高峰的两倍。在一天当中，电影的点播高峰在 18:00-21:00。在工作日过了 21:00 之后，用户观看电影的时长就会锐减。在周末过了电影收视高峰后，虽然活跃度也下降，但电影用户的次均观看时长仍在 50 分钟左右。

各地用户对在 IPTV 看电影的偏好程度有所不同。总体来看，福州、泉州两地用户看电影时比较专注，平均喜爱程度为 63%；其次是哈尔滨，为 62%；再次是浙江，为 61%；而上海用户的平均喜爱程度最低，仅为 58%。上海用户不见得是不喜欢电影，这个数据低，可能与上海用户挑剔看电影的方式有关，也可能与他们有更多的选择有关。

4.3 新闻产品特征

新闻的专业化集成是 IPTV 迈向媒体的明显标志。IPTV 组织新闻的产品形态也是一个 IPTV 特有的创新。

初期的 IPTV，只被很多用户当作影视播放机，兼播一些没有时效性的中长视频，很少见时效性强的短视频。华数的新闻做得比较早，但一开始的数量和更新频率也都有限；上海电信等地方运营商与新华社合作，专门开设了以文字为主的新闻栏目，但文字新闻的效果在电视上不好。上海文广百视通最初做新闻时，也只是以简单的新闻栏目回看为主，没有形成强势。这段时间的 IPTV，由于没有把新闻的作用发挥出来，媒体特征比较弱，用户似乎与所处的这个时代隔绝，不知道外界每天都在发生什么事情，也很少从这个平台上每天获得新鲜的刺激。

因此，我们决定把新闻做大，改变这一状况。奥运临近之际，上海文广百视通正式推出了以集成拆条视频为主的新闻中心。刚刚上线时用户不算多，但用过的人几乎都说体验很好，单户浏览量大，粘性很高。良好口碑进一步坚定了我们的信心。在奥运后的季度工作会议上，作者在 PPT 里明确提出了要把新闻作为媒体化的突破口。所谓媒体化是个内部提法，其实我们已经是媒体了，这样只是要进一步强化媒体特征。当时作者说："所谓媒体，每天都应该有新鲜的刺激，每个阶段都应该有高潮，不同阶段都可能会有呼应。读你千遍不厌倦，每天都有新感觉。所以，我们要做大新闻，并按照新闻规律组织其他节目。做新闻还有个好处，就是摆脱版权资源的束缚，靠生生不息的新闻资源来不断营造兴奋点，吸引用户、刺激用户，拉住用户，提高每天的开机率。"

IPTV 的新闻在内容和形式上都有别于传统电视、数字电视和互联网、手机，既不能完全照搬其他媒介的做法，也必须找到一条适合自己的路子。

IP，颠覆电视？

IPTV 新闻的用户以中年人为最多，向上下延伸。相对来说，老年人更习惯于传统电视栏目的线性播放，年轻人更喜欢从互联网和手机获取信息，这两个年龄段的用户都有，但比例都不是最大。百视通新闻中心的产品经理潘利民这样描述 IPTV 新闻的用户：有信息需求但嫌电视新闻冗长无趣的人群；关注网络新闻，但在网络上找不到清晰高速的视频信息的人群；以报纸为主要信息来源，但需要更直观形象信息的人群；只在假日收看电视，但却有更高更深更精辟信息需求的人群。

先看内容选择的特点。

IPTV 的新闻与其他媒介的新闻在传播规律上有同有异，或者同中有异。

共同的规律是：都追求对社会热点的炒作放大，都追求对突发事件的反应敏捷，都追求对新闻心理的敏锐把握。在上海文广百视通的 IPTV 平台上，不仅对张海超"开胸验肺"、孙中界自断小指，以及楼脆脆、楼歪歪、床脆脆、桥糊糊、躲猫猫、纸币开手铐等形成话题的社会热点均有敏感反映，而且对杰克逊辞世、陈琳跳楼、杭州飙车、成都酒驾事、多起飞机坠毁等突发事件均有快速到位的反应，对于美国总统大选、世纪大日食等可以预知发生时间的新闻也提前进行了充分的策划。为了方便用户看过瘾，大部分有足够新闻量支撑的热点都形成了专题，这些专题基本都拉动收视提升 50% –100% 左右。为了让散落在不同时间的新闻能够发挥更大的作用，笔者特别强调对新闻的"呼应意识"和"追踪意识"，比如，索马里海盗引来各国护航舰、内蒙古三逃犯越狱、曹操墓穴现世后仍难打破 72 疑冢传说等新闻，给用户的感觉是就像看电视剧。

虽然目前 IPTV 的新闻要经过拆条、配置、下发、生效等环节，要考虑到各地的平台环境，比互联网的新闻发布过程要麻烦，但是，我们仍然有不少重要新闻的发布早于大部分网站，一是因为编辑的意识更加敏感，二是我们自己可以对直播先行拆条。比如，在美国大选的最后投票尚未结束时，我们根据选举规则和选举人票分布，判定奥巴马当选已成定局，便提前从直播中拆条制作了"奥巴马当选美国首位黑人总统"的新闻，发布出来的时间早于绝大部分网站。

在新闻选择标准上，笔者沿用了在 21CN 当总编时提的"三头新闻"和"三好新闻"。所谓"三头新闻"就是"有看头，有想头，有说头"，所谓"三好新闻"就是"好看，好玩，好传"。

由于每天更新有限，所以在选择标准上更高。由于 IPTV 是新媒体，新闻在 IPTV 上是新样式，所以，笔者更强调新闻的可传性，因为能够口口相传的新闻可以扩大用户群。笔者离职之前，更看重纯粹的新闻，也就是能让人茶余饭后忍不住要提起，提起之后让人眼睛一亮的新闻。在新闻类别上，一方面作为 IPTV 领头羊应该健全所有新闻类别，让关注新闻的人有一个门户；另一方面在初期应该从社会新闻、娱乐新闻这些可看性、可传性都很强的新闻内容上着重拉动用户。对于做娱乐新闻，最初有些同事持怀疑态度，他们认为 IPTV 老年人多，做娱乐新闻没人看，但做了不久之后，娱乐新闻在更新量比较保守的情况下，成了绝大部分驻地的新闻收视第二名，仅次于从各类别中选出的焦点新闻，在哈尔滨则是新闻收视中的第一。没有放假的时候，绝大部分娱乐用户肯定不是没有条件装 IPTV 的大学生，而是以二三十岁的上班族为主，包括笔者这种一直对娱乐感兴趣的不惑之人。

虽然都遵循者共同的新闻规律，但由于媒介的特点不同，IPTV 的新闻操作还是与互联网和传统电视有所不同。

与互联网新闻相比，IPTV 的电视屏幕上不可能放网站上那么丰富的资讯，只能每天筛选出五六十条用户应该关注、应该感兴趣的新闻，或者每天不该漏掉的新闻，做成一个大新闻榜。我们的目的是，只要让没有闲暇、或不愿陷入信息爆炸的用户简单看一下 IPTV 新闻，就可以对每天的新闻精华有个大体把握。这样，对编辑选择新闻的眼光要求更高，不管哪一类，都不能用不重要的新闻取代了关注程度更高的新闻。也曾有人希望把 IPTV 的新闻更新量加大到每天一二百条，那么，用户就要在电视上翻十到二十页，试了几次后发现，由于一些好新闻被压倒了后面，用户在前面翻了几页只能看到少量感兴趣的新闻，反而觉得新闻做得水。

与传统电视的新闻相比，IPTV 的新闻不是固定时间，是即时更新，可以在直播结束前把热点先拆出单条报出，可以先发图文新闻，等电视上有了源再发视频新闻，在抢新闻上更具主动性；用户可以自主选择观看，这种选择会让用户抗拒那些电视上常见的会议新闻、成绩报道，所以，用户在观看心理上更接近互联网。从直播中拆条自制新闻的优势，让我们在奥运报道中打了非常漂亮的一仗，无论是赛事的即时播报，还是剪辑整合的搞笑视频，我们都有不少新闻早于传统电视和互联网。当时在互联网上流行的很多视频，其实最早是我们先找点发出的，有的甚至早于网上一天。

再看 IPTV 新闻的组织形式和呈现方式。

IPTV 的新闻元素有两种：一种是拆条的新闻。所谓拆条，就是从整挡新闻栏目中把单条消息剪出来，让用户可以看到以具体标题命名的视频新闻。比如，19：00－19：30 分是央视新闻联播，这里面有几十消息，用户无法单独点播某条具体消息，这就需要把编辑选出的消息分别从"新闻联播"的长视频中剪成一条条短视频，这就是拆条。上海文广百视通的新闻中心就是主要用这些拆条新闻编排而成的。一种就是《新闻联播》、《东方夜新闻》、《新闻早班车》、《超级新闻场》等整挡新闻栏目。百视通最初的 IPTV，就在频道和回看的列表旁边用简单的回看精选形式提供了这些栏目，新闻中心出现后，在开始一段时间没有整合进新闻中心，后来发现很多用户还是习惯于这种懒人看的形式，所以，在重新设计改版时便把栏目回看整合进来作为新闻中心的一个版块。

百视通 IPTV 新闻中心的组织形式在两个阶段突出了两大特点。

在上线之后的第一年里，主要突出了"OK"式操作。在具体新闻播放视频下方有两个按钮，一个是"上一条"，一个是下一条，用户从标题列表中点播了一条新闻之后，再看下一条时，不必返回列表页面重新点击，而是直接点"下一条"就可继续观看了。因为在遥控器只需按"OK"键，不用按别的键，OK，OK 再 OK，所以笔者叫它"OK"式操作。这种方式减少了用户返回选择的动作，相对扁平化了，再加上页面呈现既不像互联网那么复杂，又有别于传统电视，所以，让用户觉得便捷和新鲜。这也是一上线口碑就不错的原因。

在上线一年之后，主要突出了拆条新闻的自动连播的功能。在走访用户中发现，"OK"式操作虽然减少了返回列表的动作，但由于新闻视频都很短，仍然需要频繁拿起遥控器去点"上一条"或"下一条"，时间长了，用户感到很烦，也影响观看条数。所以，我们决定在技术上完善功能，大幅度减少用户点击的动作，于 2009 年 月推出了新闻自动连播功能，用户只要点击了一条新闻就可以开始连续收看，一条新闻播完自动播出下一条。为了让用户知晓，在新闻中心右上角的底图上打上了"只点一次，自动连放"的字样。这个功能出现后，用户就不用老是抬头看，不用老是拿遥控器，甚至只把自动连播的新闻当成一个声音背景。这就大大解放了用户，人均访次大幅上升，从每天浏览 14 条上升到了 28 条，增加了一倍，平均首页到达率在第三季度达到 11.6%。在用户回访中，有 93% 的用户对此改进表示满意。

由于用户仍然有主动选择的需求，所以，"OK"式操作和自动连播两个功能同时并存，让用户在不同的情境下随意选择。

在这种情况下，分析用户浏览 IPTV 新闻的路径就主要看从哪里开始。由于新闻的条数还是比其他节目多很多，所以，用户总要先选择一个点开始，中间也会再换一个点。我们专门做过一个测试，测试结果大大出乎所有人的意料。只有 50% 的人会首选第一页先看，其中有 12% 选首页第一条开始，不从第一条开始的则是与标题吸引力、与个人兴趣有关。还有 50% 的人是先向下翻页再根据自己的兴趣决定从哪里开始浏览，其中有 14% 的人是从第二页开始看，还有 36% 的人是先看位于 3 页之后的新闻。一般开始浏览之后，所选第一条之后的新闻就与用户的个人喜好关系不大了。虽然用户可以不等视频播完就直接按下一条或返回重新开始，但大部分用户还是不愿意麻烦。

我们做的宣传片这样描述新闻中心的特点："好新闻，点着看；热新闻，连着看。新闻中心，给你好看！"

4.4 娱乐收视规律

娱乐是互联网门户的点击大户，在传统电视上的受欢迎程度也仅次于电视剧和新闻，很多人也希望于娱乐能成为 IPTV 的一个增长点。

在百视通的 IPTV 上，娱乐并不是新出现的内容类别，但在前四年，娱乐的收视份额一直不大。原因之一是娱乐没有找到合适的表现形式，过去只放在点播分类里，而点播分类页面是浅蓝色的，比较冷清，目录树的结构也显得死板，不适合表现热热闹闹的娱乐。从 2008 年底起，我们把娱乐放进了页面活泼、集成几种收看形式的看吧里，编辑的作用得以充分发挥，收视猛涨，从用户访谈中得到的反馈也很好。前面"兴趣分析"中的统计只算了点播分类里的节目，没算在看吧里的收视，不过，即便算了进去，还是跟影视有相当差距。

图上为娱乐看吧页面。

影响娱乐收视的因素，除了页面设计之外，还有个深层的原因是娱乐节目的收看方式。大家常说娱乐在电视和网上都受欢迎，这时说的娱乐是笼统的、粗线条的。其实，细察起来，在互联网和传统电视上最受欢迎的娱乐内容是不太相同的，在互联网上访问更多的是点播的娱乐资讯，并不是娱乐综艺节目；在传统电视上更受欢迎的是直播的娱乐综艺节目，并不是娱乐新闻；娱乐新闻的受众偏年轻化，娱乐节目则皆大欢喜。换句话说，资讯类短视频更适合网络点播，综艺、选秀等中长视频在电视直播中效果更好，在点播中容易让人觉得水。IPTV 介于互联网和传统电视之间，兼有两种终端的用户心理，不能简单地用互联网或传统电视来类比。笔者在 2008 年底专门在编委会上指出，集成不同收看方式和不同节目类型的看吧，是 IPTV 上最适合表现娱乐的节目形态，这一年多娱乐看吧的收视增长证明了这一点，相信假以时日，会有相当份额。

娱乐用户相对于电视剧等的用户要年轻一些。在百视通 IPTV 的用户年龄分布中，25－36 岁的约占 40%，36－49 岁的约占 34%，18－24 岁的约占 16%，18 岁以下和 50 岁以上的用户都很少。这个比例是合情理的。50 岁以上的老人大多对现在这种娱乐内容不感兴趣，18 岁以下的少年儿童受升学压力影响在家被限制看电视，即便看娱乐也主要从互联网上看，这两部分人都很少。25－36 岁的用户，一方面对娱乐内容的需求非常旺盛，另一方面，大多结束了单身日子，开始喜欢与家人或同居的异性朋友一起看娱乐节目开心，所以，这个年龄段的用户比例最大。出于类似的原因，36－49 岁的用户份额也比较大，但因对娱乐的兴趣比 25－36 岁的用户弱，所以份额上略小一些。18－24 岁的用户基本上还处于单身阶段，个性化需求大，更习惯通过互联网获取娱乐内容，所以比 25－49 岁的用户少，但比老人和少年儿童多。

原来大家以为 IPTV 不会有太多年轻人看娱乐，但编辑 2009 年做了"明星反串搜查令"、"流星雨变'雷'雨"等具有典型互联网特色的专题后，收视都不错，暑假过后，在没有学生观看的情况下，类似专题的收视仍不低，换句话说，互联网特色明显的内容已经并不只是假期的特有现象。这说明 IPTV 的年轻用户正逐渐增多，IPTV 的用户原来主要从传统电视的观众过渡过来，现在已开始从互联网分流了，只是目前比例还不够大。

在娱乐节目中，《快乐大本营》等综艺节目和《快乐女声》等选秀节目最受欢迎，总体上二者的收视份额差不多，在不同阶段各有消长，一般选秀进入前十 PK 后才会明显热起来，平时还是综艺节目相对好。选秀决赛时，用户看直播远超过看点播，因为直播有悬念，有新鲜的刺激，对于喜爱的选手，用户会在直播中为之哭，为之笑，为之怅惘不已。在综艺和选秀节目之下的是晚会和访谈类节目，不过 17 岁以下的用户对那种比较正经的晚会几乎不看。地域性节目收视最低，包括在哈尔滨也是如此。从娱乐用户对频道的偏好看，湖南卫视最受欢迎，其次是 CCTV。

娱乐的新闻性是非常强的，只能跟着热点和焦点走。但怎么才算跟着热点走？看似简单，却并不是人人都真明白的。很多媒体，包括百视通 IPTV 初期，似乎是每次都抓了热点，但又每次似乎都隔着一层，不是用户内心真正最想要的那个点。简而言之，没有做出那个味道。笔者发现症结之后，向产品经理提了三点建议：一、要抓争议，造 PK，而不是简单停留在对比上；二、要提前制造悬念，不要等结果出来再报，只报结果是漏掉机会；三、一定要懂得用户关注的热点是"具体的热点人物、具体的热点事件",而不是面上的现象,新闻是"具体的",热点是"具体的"。

第三条看似普通,但却是笔者最强调的关键。有感觉的媒体和没感觉的媒体,差别就在这里。比如,只做"快女"与其他选秀节目的比较,那只是做了一个行业现象,不会引起用户兴趣,而用户关心的是具体的 PK 人物和具体的 PK 事件。在"快女"即将晚上"十进七"的那天上午,笔者建议编辑提前做一个曾轶可、黄英在 PK 中的危险系数,恰巧,中午湖南卫视就做了一档"谁是今晚最危险的选手",其做法与笔者说的基本一样。在晚上"进 7"的决赛,一直排名靠后的黄英绝地反击,夺得冠军,一直被高晓松保卫的最大争议人物曾轶可终于被淘汰。这个炒作就显得很过瘾了。2009 年火了三个人物:小沈阳、刘谦、周立波,IPTV 的娱乐收视最高峰,基本是被这三个人物拉动的。侯耀文遗产纠纷、刘德华隐瞒结婚、老赵复出、酒井法子吸毒等具体的娱乐事件也都掀起了一些小高潮。

按说,周末放松了,最适合娱乐,整个周末的娱乐收视都应该很高,但数据曲线却跟大家想象的不尽相同。收视高峰的确是出现在周末,但基本都只是在周六这一天提升,到了周日就开始回落,并没有维持高峰,周五晚也与平日差不多。可能这与产品特性有关,娱乐与电视剧不同,很难连续两天观看模式近似的娱乐,在周末娱乐休闲的选择中,娱乐也不是首选。在一天当中,从上午 10 点开始收视增长,在 12 点左右达到当日首个收视高峰;15点 30 分起,第二轮收视增长,到 20 点 - 21 点达到当日最高峰,21 点以后收视逐步下降。这就需要在对应的时间段设置合适的更新频率。

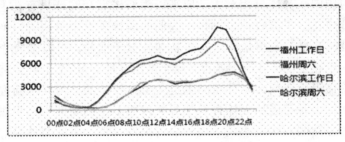

图上为一周的收视曲线图。

4.5 体育产品特征

体育赛事是版权成本最高的内容产品,买一个 NBA 全赛的费用超过买所有影视版权。

体育赛事也是最被合作伙伴期待的大卖点,用户对体育赛事的聚焦程度和狂热狂热程度超过对其他内容。

然而，体育点播的访次和访客数量并不高。体育赛事的收视主要来自直播。用户只有在直播中才能充满悬念，才能在期待中大喜大悲，才能在新鲜的刺激中感到过瘾。如果赛完了才看点播，知道了结果之后才去看过程，就一点意思也没有了。适合点播的只是射门集锦和明星表演等让人欣赏的镜头。

因此，我们在体育点播分类之外，于 2008 年底做了一个最早的简易"看吧"，叫"超级体育"。这个"看吧"是以直播为主的，回看和点播为辅。原来在传统电视看赛事，需要拿着遥控器换台找，进了"超级体育"看吧，就如同买了一张赛场通票，想看哪个看哪个，不用换台了。整合各频道直播和回看的看吧，不仅通过集成分散的内容提高了竞争力，也让用户观看更加方便、更加直接了。体育有了看吧，收视开始增长，至 2009 年 2 月后突飞猛进，跟原来的纯点播不可同日而语，到去年底为止，"超级体育"仍是各"看吧"中收视最好的一个。

在平时，体育中最受关注的无疑是足球赛事和篮球赛事，主要是英超、西甲、德甲、意甲、欧冠等欧洲足球和 NBA 职业篮球，以及中超和 CBA。至于小球赛事、田径赛事和一些非赛事的健身体育，关注度就弱得多。在 IPTV 上，也是足球赛事和篮球赛事支撑了绝大部分收视份额，其次是斯诺克大师赛、F1 赛车和 ATP 大师系列赛、温网等网球。高尔夫和网球虽然收视不如足球篮球，但因是高端用户的特别需求，是增强电信合作伙伴推广信心的因素之一，所以也作为次重点去做，专门设置了轮播聚场。大球赛事在地域特点上略有差别，比如，上海、江苏等地对国外赛事的关注更高，福州、泉州等其他驻地对国内联赛反应相对大；原来以为斯诺克和网球只有在上海好，看了数据才知道在哈尔滨收视也不错。我们的编排重点十分明确，就是一切围绕赛事：赛事直播、赛事访谈、赛事新闻。至于推荐，可以结合当地需求调整，比如，中超主场放在哪个城市，哪个城市驻地的 IPTV 上就会重点推荐。

除了直播等长视频，体育新闻也是一个重要产品。与娱乐新闻不同，关注体育新闻的主要是进超级体育看吧寻找，而不是到新闻中心里去找，新闻中心里的体育新闻访次并不高。这一点与财经类似，可能与体育、财经用户的专注度有关。

鉴于 NBA 对合作伙伴推广的强刺激和对用户拓展的强拉动，2009 年 10 月，在上海文广新闻集团副总裁张大钟的亲自洽谈下，百视通斥巨资把 NBA 所有直播赛事收入囊中，包括每季常规赛、明星赛、季后赛、总决赛共 1200 多场，每天最多可提供 14 场高清 NBA 直播，一天的转播比 CCTV5 一周的转播还多。出于良性循环的考虑，NBA 一开始就放进了收费包里销售，标价一年 360 元，在初期的促销价是一年 299 元。由于需要在基本包之外另外再专门付费，所以一开始的用户不是太多，目前正稳步增长。现阶段这个包最大的作用不是收视，而是作为大卖点对用户开户的强拉动，随后各地用户的迅猛增长也证明了这一点。很多人担心这样会像天盛一样尴尬，天盛以天价购买欧冠后确实很难卖出去，但百视通有自己平台的消化能力，不会完全一样。不过，毕竟是巨资购进，如何消化成本，进入良性循环，还是此后几年需要认真探索、谨慎对待的。

4.6　纪实收视规律

纪实是分众化的内容，其收视率与影视娱乐等大众化内容肯定不能相比。纪实的价值在于用户的层次和用户的忠诚度。IPTV 做纪实是为了吸引稳定的中高层用户群。各地电信合作伙伴的负责人对这一块也非常看重。

很多人以为自然探索类的节目收视最高，但现阶段 IPTV 的数据却是另外一个顺序。在纪实中的收视顺序是：1、历史人文类，如《民国谍战揭秘》；2、军事类，如《二战机密》；3、自然地理类，如《蛮荒杀手》；4、科学类，如《时间机器》。历史人文类和军事类节目的收视之所以比较高，是因为这种节目有情节，看起来相对放松，容易被用户当故事看，适合较快的更新节奏。自然类的节目就显得相对沉重，不适合看的频率太快。另外，在用户调研中发现一个现象：口头自称的关注和实际的观看行为并不是一码事，有不少用户在嘴上说关注自然类的节目，但实际观看多的却往往是历史人文类节目，这与电视机的家庭观看情境有关，也与纪实节目的特性有关，一直以来的数据分析也证明了这一点。原来以为《国家地理》之类的品牌纪实节目在各地都是当然的收视大户，但这类境外的品牌节目只有在上海、江苏等少数省市收视较高，其他大部分驻地的用户则是对历史人文类的国内纪实节目更感兴趣。

有人建议在动物类节目上打通少儿和纪实两个分类，这可能要具体分析，大人和小孩看的是两种动物类节目。动物类节目介于自然类和科学类之间，也分两小类：第一类是以动物竞争为主的原生态动物世界，带有很多血腥场面；第二类是带有情趣和知识性的动物世界，解说都带有哄小孩的腔调。第一类显然只适合大人观看，不适合小孩子观看，这是传媒道德问题；第二类适合小孩子，却不是大人想看的动物世界，很多朋友就曾经买碟后大呼上当。

因此，应该根据收视情况对四类纪实节目的编排设置进行合理配比，如果仅凭个人好恶去扩大收视不高的节目，会影响整体收视。2009 年 6 月份，就是因为瞄准少儿的自然类节目比例太大，明显影响了收视，针对这种情况，不是扩大的问题，而是缩小的问题，再扩大就是硬跟用户对着干。

4.7　少儿收视规律

图上为百视通 IPTV 的少儿节目哈哈乐园首页。

"兴趣分析"部分提过，少儿频道在传统电视中的收视率并不高，但在 IPTV 中却很高，这与 IPTV 的特性有关系。在 IPTV 上打破了时间限制，写完作业照样可以看到想看的节目，不会错过。而且 IPTV 上的少儿节目更加丰富，既有孩子自己特别喜欢看的动画、动漫，也有家长希望孩子看的教育益智类节目。

满足孩子的诉求是拉动三口之家开户的最有效的理由。孩子看，大人陪，很有其乐融融的家庭氛围。

在百视通对少儿节目的目标用户一直争议不断，笔者个人的看法是：

分为标准用户和延伸用户。把 4 - 12 岁少儿作为标准用户，换句话说可能更为贴切，就是把幼儿园中的大班孩子和小学生作为标准用户；然后向下延伸三岁，向上延伸三岁。从社会特征看，1 - 3 岁的孩子还没太有自主意识，主要是跟着大人看，大人往往会给孩子选择一些简单、健康的益智节目和卡通节目；4 岁以上孩子已经开始有了自主意识，基本会自己操作和独立收看，在 4 - 12 岁之间的孩子还是把电视当成主要观看终端，以看《蓝精灵》等动画为主；12 岁以上的孩子已经开始喜欢电脑，岁数越大对电脑的喜欢程度越高，但在 15 岁之前还有看电视的习惯，这些孩子主要喜欢动漫；15 岁以上的孩子已经基本上非常痴迷电脑，把只看电视当成很傻的事情，而且开始看少儿之外的其他节目，如偶像剧。

一开始公司内部对笔者的看法有争议，但从 2009 年收视数据看，充分证明了笔者的判断，4 - 12 岁的少儿的确是比例最高的重度用户。另外，学龄前儿童在家的时间长，收视时长也就最长，大部分孩子有家长陪看；学龄后孩子只能放学后观看，又被家长控制时间，时长就短，但家长对这个年龄段孩子的兴趣了解不够，只是希望能增加益智类、知识性的节目和游戏。亲子园地这种让家长分享的栏目主要是学龄前孩子的妈妈在看。

少儿节目的风格应该是：情趣化、益智化。IPTV 上的少儿有个特殊性，开户的是家长，观看的是孩子，家长希望益智，孩子希望好玩，分离比较清楚。在 IPTV 上最受欢迎的是《米老鼠》、《喜羊羊与灰太狼》等动画和《海贼王》、《火影忍者》等动漫，但家长却不希望孩子在这些节目上耗费太多时间。这就需要有一个合理的编排比例和技巧。趣味教育这样的节目，在收视上肯定不如动画片，但为了让更多家长愿意开户，就必须做好，不能完全受收视牵引。孩子对真人演的少儿电影不感兴趣，他们还是觉得动画动漫有意思。

正由于少儿产品的购买者和使用者不同，对少儿节目的过度迷恋反而会引起父母的反感和排斥，甚至进而引发拆机。这个现象在广东和浙江比较突出。

从收视的时段分布看，周一到周五，访次、访客从下午16：00后开始增加，到19：00时达到高峰，维持至20：00后陡然回落，白天在中午12：00左右有一个次高峰；在周末，点播高峰在8：00－13：00和17：00－21：00，周末的访次、访客和时长是平时的两倍。2009 年的少儿观看时长成为 2007 年的两倍多，平均时长为 315 分钟/周，即每天 45 分钟，基本可将两集少儿节目完整看完。从一年的收视曲线看，节假日的收视高峰远高于平时，早间8：00至傍晚17：00整个白天时段的少儿收视明显比平时提升，这说明学龄后少儿还是在用户中占了相当大的比例。

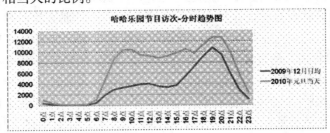

由于孩子在平台上也能看到其他节目，所以，童锁是需要解决的问题。

4.8　产品组合模型

几年来，在 IPTV 从业人员中经常有人笑谈自己从事的工作：我们干了一件世界上最难干的事情。难的原因在于：

一、国内 IPTV 的主要运营模式不是直接面向最终用户的"B→C"模式，而是"B→B→C"或者"B+B→C"的模式。用户很难同 B 进行直接而即时地互动，用户并不全是因为亲眼看到好而成为年度签约用户，成为用户后也不代表一定会天天活跃下去。这个模式很容易掩盖用户的明确诉求。真正需要 IPTV 的用户和 IPTV 的实际用户不完全重合，IPTV 业务的购买者和使用者不完全重合，看 IPTV 时间最长的用户并不一定是最需要 IPTV 的用户。使用时间最长的用户是老年用户，但如果完全按老年用户的需求去提供内容产品就会走入死胡同。

二、IPTV 自身的特性决定了，不同家庭成员对 IPTV 的差异化需求很容易被家庭收看的方式所掩盖。一方面，IPTV 目前很难把年轻网民从电脑旁完全拉过来，还是以分流电视观众为主；另一方面，由于 IPTV 基于宽带传输，所以每个家庭里肯定有网民，在一个家庭里对 IPTV 的判断会有交叉影响。这个交叉影响很容易被忽视。

三、从与显性对手和隐形对手的比较来看，IPTV 很难在单方面找到绝对优势。从直播频道看，虽然 IPTV 的轮播聚场可以不断增加，但有品牌的频道在现阶段是跟传统电视、数字电视不能比的，更不如那些非法安装的卫星电视大锅有吸引力。从点播看，远不如互联网海量存储的选择余地大，用户需要的点播是只上新片、不撤旧片的长尾，而 IPTV 的点播因存储所限只能是在上新片的同时把旧片频繁撤下。从回看来看，这本来是 IPTV 的一大亮点，但有线电视网双向改造后，数字电视也出现了回看，IPTV 已不再独占优势。从交互看，虽然比开路电视有绝对优势，比数字电视有弱优势，但远不如互联网充分。

既然我们很难找到单方面的绝对优势，那么就在业务组合方面形成相对优势。既然家庭观看行为容易掩盖个体成员的需求，那么我们就分别提供具有鲜明诉求点的重点业务，让每一类用户都能明确找到值得购买 IPTV、观看 IPTV 的充分理由，通过优势组合的交叉拉动，扩大用户覆盖面。

首先，从吸引用户、拓展用户、留住用户的角度，把收视和开户当成两个虽然会互相影响但却不能互相替代的重要目标，并以此配置不同类型的节目。一方面，从长远看，开机率还是会影响开户率，如果用户平时很少使用，就很可能退订或者不再续订；如果用户体验很好，就会形成口碑影响潜在用户。另一方面，在具体时间段内，收视的高低与开户的多少并不直接对应，一些收视率不算高的节目照样有可能成为吸引用户来开户的重要因素。不同的节目可以分别起不同的作用，不必一刀切，关键是组合拳。

从大类看，电影、电视剧基本上人人都看，是对开机率和开户率都能带动的，用户既会冲着影视去开户，开了户后观看时间最长的也是影视，如果影视做不好，就很难留住用户，并影响潜在用户的信心。体育、少儿并不是人人都看的，但看的人数量是庞大的，对相关节目是专注和痴迷的，做好体育、少儿，对目标用户的开机和开户也都能拉动，尤其对开户的拉动在某种程度上比影视还要明显。新闻、娱乐对收视的拉动作用超过对开户的拉动，一般人不是为了专门到 IPTV 上看新闻、娱乐去装 IPTV。纪实的收视比较低，用户看的频率也低，但对吸引特定人群开户有较大作用。教育类节目是一种非常典型的节目，不会有人像看影视那样长时间看，收视率肯定不高，但是有些用户就专门冲着教育去装 IPTV，教育对开户的作用远大于收视。

从小类来看，纪实中的《国家地理》，体育中的 NBA，少儿中的趣味教育，电影中的院线大片、好莱坞大片，电视剧中的 TVB 剧、韩剧等，对开户的拉动价值相对更大，可以在拓展用户时推广时重点推广。至于电影中的香港动作片、警匪片、喜剧片，电视剧中的热播剧，以及娱乐、新闻等节目，虽然对开户也有一定吸引力，但对收视的拉动价值更大。

其次，一定要突出重点，形成明确的强势，避免在混沌水中淹没亮点和卖点。

在目前这个阶段，IPTV 的存储资源对于用户的多元化需求来说还是很紧张的，不可能面面俱到，既然没有足够的量来保证，长尾也就暂时失去了实现的前提，很难长得起来。在这种情况下，平均使用力量，反而容易让用户迷失：如果受多数用户关注的内容没有做大做精，就很难引起用户注意和兴奋，对用户形成强拉动，或者让用户觉得不过瘾；如果对收视排序靠后的内容不适当加大更新比例，就会让大部分用户觉得没东西可看，导致整体开机率降低；如果没有把体现 IPTV 优势、适合 IPTV 观看的内容强调出来，用户不一定会选择不太熟悉的 IPTV 来观看和使用。

在抓重点时，尤其不能忽视结构性思维，不能因局部而废整体。有一个常见的误区：一个产品线弱了，公司马上矫枉过正，向这个产品线过度倾斜资源，结果在资源有限的情况下，导致重点产品反而弱化了，最终影响整体效果下降。2008 年第四季度，百视通刚推出"看电影"这个好莱坞大片专区时，收视低于期待值。由于这是花大价钱买来的版权，如果收视不好就等于浪费了，公司非常着急，大会小会猛批产品经理，于是，大量推荐位和 Trailers 时段被用来密集推广，后来"看大片"的收视确实有了些许增长，但代价却是整个内容平台的总收视率明显下降。这是因为，在 IPTV 上投入产出比最高的是热播剧、港台剧和香港电影，同样多的推荐，其收视拉动要比对好莱坞大片明显得多，现在把推荐资源让给了"看大片"，整体收视自然跟着下降。这给了我们两个教训：一是期待值是否合理，希望"看大片"一推出就是收视第一显然是不合理的，不值得为此杀鸡取卵，不如让其健康成长；二是资源倾斜的"度"是否合理，当节目产品上线时，给予一定的资源倾斜是正常的，但是这个倾斜不能过度，不能影响整体收视。

笔者刚刚加盟百视通时，曾经设计了一个业务模型。这个模型的要点是："两条基础线＋三个重点＝稳固＋突破"。基础粘性视听业务和基础粘性互动应用这两条基础线放到下一部分去讲，这里只主要讲一下三个重点。三个重点是亮点吸引型业务、卖点带动型业务和增值突破型业务。亮点吸引型业务和卖点带动型业务既保证开机率，也有利于带动开户率，后者对开户的拉动价值更大；增值突破型业务主要通过满足具有家庭普适性的明确诉求带动开机率，提高 ARPU 值。

亮点吸引型业务瞄准家庭娱乐，第一阶段以用来"看"的家庭影院、家庭剧场为主，第二阶段在保持影视优势的前提下，辅以用来"玩"的家庭游戏、家庭 K 厅。虽然观看影视的渠道很多，但电影、电视剧实际上也是可以发挥 IPTV 优势的，比传统电视有更多的选择，不受时间限制，可以一次看个够；比买碟省钱，买一个正版《闯关东》的钱可以买下一万小时左右的节目基本包；比互联网视频屏幕大、清晰，对于经常观看的品种来说，看着更爽。

卖点带动型是指少儿和体育节目。之所以叫卖点带动，是强调对"卖"的强势带动，由于有明确的用户诉求，一是可以促进对节目基本包的销售，二是可以单独拿出其中更加聚焦的内容出来卖，比如 NBA。因少儿节目引起的开户和使用是分离的，大人们并不需要少儿节目，但大都愿意为孩子安装 IPTV，毕竟 IPTV 上的少儿节目比传统电视更丰富，也更好看，也比互联网更安全，还少了电脑辐射。体育用户是狂热的，很多人可能不愿意为影视花钱，却愿意为体育花钱。

增值突破型业务也可以叫服务突破型业务，跟"看的"、"玩的"业务不同，是"用的"业务。主要包括同步教育、英语教育等家庭教育和炒股、购物、支付等家庭服务。教育对技术的依赖相对弱一些，本来应该比其他服务先行一步，上海文广百视通由于内部争议和资源的问题，所以一直没能做起来，华数做得稍好些，但也不到位。炒股、购物、支付等服务功能对技术平台的依赖太大，可能要到下一阶段做效果更好。

毕竟还是多重点，所以还应分阶段突出，拉开时间差，不然也会互相消融。

原来百视通内容产品的重点不是很突出，有些平均使用力量，笔者提出这个业务模型后，电视剧、电影、少儿、体育的收视明显做大，带动了整体收视率迅速提高。

第五章　看电视的新看法

2007 年，上海平安保险的一位负责人到百视通公司参观，看完我们同事的演示之后，惊奇不已。他说："我来之前就对 IPTV 做了功课，今天亲眼看到的比我想象的好得多。"他准备在内部大力推荐、提倡安装。其实，他当时看到的只是时移／回看功能：与传统电视一样正在直播的频道，却可以暂停、倒推；昨天晚上错过的"新闻联播"节目，今天还可以看到。IPTV 可以提供的产品功能远不止这些。

有很多人一开始对 IPTV 的概念找不到感觉，心存疑虑，或者虽然看了很多关于 IPTV 的图文介绍，却因复杂而排斥。他们往往是看到 IPTV 的现场演示之后，或者亲自体验了一下 IPTV 的操作之后，马上觉得这是一个好东西，值得安装。

如，黎瑞刚、吴鹰所言，IPTV 的确是一个颠覆传统电视观看方式的新媒体，具有革命意义；但 IPTV 又的确是一个非常复杂的产品，很难让没有接触过的人真切感知、产生安装冲动。至少在现阶段，IPTV 还是一个典型的体验型产品。

IPTV 的优势主要在于对传统电视收看方式的颠覆：无论是直播中的时移功能，还是回看、点播，都让用户可以自如掌控时间，想什么时候看什么时候看，想看多少看多少；丰富的点播节目，也远远打破了频道节目的容量，给了用户更多的选择；用户不再被动受线性播放的制约，可以根据主观需要随意选择；用户可以像使用互联网一样互动参与，并通过自己的行为和兴趣影响节目的聚合，这在传统电视上是不可能实现的。

IPTV 目前的劣势也很明显：操作比传统电视复杂，一些用户不太会用；一个屏不能放太多节目，很难扁平化，找节目比较困难，用遥控器搜索也费力；节目多、功能多虽是优点，但也导致市场人员很难用简洁可感的亮点推广；年费比传统电视和数字电视都高；视频图像质量只相当于 VCD 或略高，达不到 DVD 水平，不如传统电视和数字电视清晰。

IPTV 是一个新媒体，节目内容加上产品形态才是一个完整的内容产品。

一定的内容只有同合适的产品形态相结合才能达到最好的效果，IPTV 的产品形态也只有发挥出 IPTV 的特有优势才把内容表现得最有效。比如，少儿节目做成直播频道收视率并不高，做成点播后收视就大大提高了；而体育做直播，做集成直播、回看的看吧，就比做点播的效果要好得多。很多时候，这与一定社会环境塑造下的应用场景有关。

在这里，产品形态是指内容的组织逻辑、推送逻辑和呈现方式。

那么，IPTV 的产品形态是什么样的？我们先看"业务模型"中提到的两条基础线。

在两条基础线中，基础粘性视听业务主要是通过满足用户轻松收看的需求来保证日常开机率的产品形态，主要包括频道、回看、点播、看吧、聚场；基础粘性互动应用主要通过体现用户作用的手段来增强粘性、活跃人气，主要包括用户行为作用于节目呈现的互动应用和用户参与聚集人气的互动应用，前者如自动排行、行为触发、互动关联、收藏分享、定制推送等，后者如TVMS、即时互动间 、上传下载 、积分系统、语音识别系统等。

5.1 频道：电视等我

IPTV 的频道与传统电视的频道是同样的频道，但是用户得到的待遇却不同。看 IPTV 的频道，如果你突然接了个电话，你可以按暂停；如果你不小心漏看了一段节目，可以让节目倒退。

这就是 IPTV 频道中的时移功能。其实，用户看到的已经不是同步的信号，而是随播随录后的节目。

从内容的组成看，上海文广百视通 IPTV 的频道由三部分组成：一部分是传统电视的频道，包括央视、SMG 所辖频道和各地卫视频道，一部分是 SMG 所辖 SITV 的数字电视频道，一部分是自己制作的轮播聚场。在最初两年多，IPTV 上有 CCTV1、CCTV3、CCTV5、CCTV8，2008 年因央视强调这些频道有特殊的收费政策，只允许有线电视用户收看，所以撤了下来。在刚撤下的一段时间内，驻地运营商反弹比较大，从 2008 年地开始，文广百视通陆续推出了"超级体育"等对应的看吧产品，收视反而有超越这四个频道的势头，所以运营商也不再提了。

从收看的体验看，IPTV 的电视频道跟传统电视的频道几乎是同步播出的，如果专门比较，会发现 15 秒的延时；如果不专门比较，用户看不出差别来。看着同样的电视频道，IPTV 用户觉得比传统电视好的体验是时移功能，随时可以暂停、后退，一开始使用这个功能时都非常惊喜。

由于存在大量用户在同一时间集中收看同一频道同一节目的现象，使用传统的单播和广播的数据包转发方式很难满足对带宽和服务器资源的要求，所以，IPTV 的电视直播业务是采取组播技术进行传输的，媒体服务器只发送一份该直播电视频道的报文，网络在用户的分支点进行复制，在分支点以上的网络只需传送一个数据流。在组播设置中，需要为不同的频道名分配唯一的组播地址，也就是把各个频道名翻译为网络设备、服务器能够识别和区分的语言。

为了打通直播和点播，目前已经针对频道开发或部署了 TVMS（即时消息系统）和叠加菜单业务。TVMS 已经开出来，只在部分驻地部署，需要逐个驻地同运营商协商；叠加菜单已全部部署，但有还有待进一步完善。

下一步 IPTV 频道还需要改进的业务是叠加互动、认证难、计费难等问题。

5.2　回看：不怕错过

在传统电视上，如果漏看了某个细节或整个节目，在电视台重播之前是不能回头再看的，观众只能遵从。

在 IPTV 上则很好地解决了这个问题，在网络上同步录制了指定范围内的频道节目，用户如果耽误了观看，随时可以回头再看，甚至在回看时限之内反复观看。比如，如果用户下班晚，没有看到《新闻联播》，可以在当晚或者第二天某个时间重新选中观看。如果用户因事务繁忙，漏看了两集特别喜爱的电视剧，也可以事后补看。由于各地运营商提供的资源不同，各地 IPTV 的回看时间也不同，大部分是两天回看，广东和江苏是 7 天回看。

时移和回看在本质上是一种东西，都是把节目录制到了局端后供用户点播。两者的区别在于操作的场景，暂停、倒推这种时移发生在某个节目的直播过程中，而回看则是发生在某个节目播完之后。

回看功能让用户摆脱了传统电视节目对观看时间的控制，可以根据自己的情况随意选择时间观看。在线性播放传统电视上，节目播放的时间是固定的，各电视频道的黄金时间也是基本一致的，好的节目全在黄金时间拥挤，而观众在同一时间内只能看一个节目，其他频道的好节目只能错过了。IPTV 的回看功能打破了直播体系下的时间瓶颈，让用户真正成了电视的主人。

因此，在 IPTV 发展初期，"回看／时移"作为直观体验最好的服务成了最受用户欢迎的功能，成了 IPTV 的业务买点和杀手锏。"回看／时移"虽然是在 IPTV 诞生的，但随着双向改造的进展，数字电视上也出现了这一功能，IPTV 的这一优势正在逐渐弱化。前期 IPTV 提供的回看服务，主要是跟着频道列表走，用户需要按频道找回看，后期 IPTV 才通过"看吧"服务让用户可以按节目类别找回看，横向挖掘回看价值，让回看的优势再次发挥出来。下面详述。

5.3　点播：想看就看

点播是把流媒体文件预先存储后，用户根据自己的兴趣去点击节目播放的功能。点播把传统电视"你播我看"的方式变成了"我选我看"、"即点即播"的方式，改变了用户看电视的方式。

在传统电视上，不管观众看不看，节目都会按照电视台预设好的顺序去播放，观众在不同时间看到的视频流不同；而在 IPTV 的点播中，只有用户选择点击了，节目才会播放，不同的时间可以看同一个节目，下次观看可以从上次观看所记录的书签开始。在直播体系下，一个传统电视频道在一天内顶多只能放 24 小时节目，而且很多频道只有几个小时的节目在滚动轮播，而点播却不受时间天花板的限制，可以同时在线成千上万个节目，在同一个时间段内，用户在点播中选择节目的余地大大超过传统电视。

点播是 IPTV 区别于传统电视的最基本的功能，回看还要依附于传统电视的频道发挥作用，点播则完全脱离了传统电视而存在，可以有传统电视的节目，也可以有传统电视之外的节目。

图为 08 版点播首页

在大部分驻地的直播、回看、点播三大功能中，点播节目的收视份额是最大的，在 60% 左右，体现了 IPTV 的观看优势。哈尔滨和浙江例外，是直播高于点播。哈尔滨的原因是当地用户把 IPTV 当作了传统电视的替代品；浙江的原因是在用户基数少的情况下，酒店用户的观看习惯拉高了直播份额。

目前 IPTV 点播的门类比较齐全，有电影、电视剧、少儿、新闻、体育、财经、娱乐、音乐、时尚、纪实等。绝大部分收视份额集中到电视剧、电影、少儿三类节目中。点播节目的结构基本是按目录树分布的，一级分类之下再设二级分类，比如电影分类下再设大陆影院、港台影院、欧美影院、日韩影院、喜剧影院、动作影院等。用户进入点播区域，可以使用遥控器上的"点播"功能键进入，也可以选中 EPG 首页上的点播按钮点进。

图为 09 版点播首页。

当然，点播也面临很多挑战。既然是点播，用户就希望能以最快的速度看到新片，能在海量节目中进行充分选择，能非常方便地找到节目，但这三个方面分别遇到了来自盗版碟、互联网和自身 EPG 局限的挑战。用户是不理会背后的行业规则和产品规则的，他们只是很自然地去比较或者提要求。IPTV 是做正版的，严格遵守版权方的约定，不敢突破时间窗口播放，不敢提供没有得到授权的节目。

好莱坞院线大片的时间窗口要求最严格，一般是院线之后三个月进音像，音像之后三个月进新媒体，IPTV 能够播放的时候已经离开院线六个月了；国内的院线片虽然时间窗口不那么长，也会距离院线首播时间一到三个月之后，《三枪拍案惊奇》、《功夫之王》等个别院线片甚至要求半年之上才能播。而大街上的盗版碟是不管这一套的，院线首映和新剧首播之后马上就会出碟，开始是枪碟，然后 D5、D9 陆续出来，虽然国家这两年查得很严，但很难在各个角度里杜绝这些游击队风格的散摊。在用户的眼里，IPTV 远不如盗版音像市场反应迅捷，不够新不够快。

IPTV 的口号是"海量电视任你播"，但由于存储资源的限制，节目的在线量比媒资存储量低了很多，更不能同互联网上的真正海量相比，更新节目的同时必须下线另一些节目。而且由于国家对境外节目有引进许可政策，遵守规定的 IPTV 是不敢放《越狱》、《24 小时》等美剧的，用户在互联网能看到的，在 IPTV 很难看到。从以上两个角度看，IPTV 的健康发展也有赖于整个大环境的规范。

至于找节目难，是 IPTV 相对于互联网的天然劣势。电视屏幕上不能呈现太多，而节目又是大量的，用户寻找节目比较困难。这个问题主要受制于 IPTV 自身的 EPG，需要从加强推荐引导、智能化呈现等方面去改进。下面再详述。

5.4　看吧：横看电视

直播、回看、点播是所有 IPTV 都拥有的基本产品形态，而"看吧"则是上海文广百视通独家开出来的产品形态。

"看吧"是按照内容类别，集成了直播、回看、点播、聚场、专辑等各种产品形态的垂直门户；是通过一定的组织逻辑，把原本分散到各个区域中的节目和服务集中到同类看吧中呈现的专区。在"看吧"中，用户既可以满足分类观看的需求，也可以观看同类节目时灵活选择适合的观看方式。

"看吧"对原有的产品形态不仅是一个简单的整合，更是一个优势互补的改进和完善。

同一个频道中的节目往往有着不同的类别，同一类别的节目的阶段性热度也会在不同频道之间转换。原来直播、回看中的节目是不能按照内容类别分的，只能跟着频道名走，用户想看自己感兴趣的某类节目时，只能拿着遥控器一个频道一个频道地找，对于同类热点节目的频道分布和时间分布无法一目了然，尤其是在黄金时间选择节目时就显得费时费力。"看吧"就很好地解决了这个问题。用户不用换台了，不用逐个频道去费心找了，只要进了所关注的看吧，当天有哪些热点节目？什么时间播放？在哪个台播放？全都尽收眼底，方便决定，方便操作。比如，在同一时间段，两三部电视剧开始热播后，播放进度参差不齐，也有时间冲突，用户如果换台寻找难以决定，进了电视剧看吧，就知道有哪些热播剧，分别在哪个频道播放，哪个频道的更新最快，对哪部剧看直播，对哪部剧看回看，对哪部剧看点播。体育赛事也是如此，有时候同时有几场比赛都好看，而直播是不能耽误的，如果不能马上从众多频道中选定，就很容易漏看最好的赛事，进了超级体育看吧就非常清晰了，也不用换台。尤其在世界杯等赛事纷呈的大型赛事期间，由于时差、上班等原因，只能对有的赛事看直播，对有的赛事看回看，体育看吧就为用户的选择提供了极大的方便。

　　点播本身就是按照内容类别分的，但缺少对传统电视节目的即时挖掘，缺少时效性对用户心理的吸引刺激，而且严谨的目录树结构不够扁平化，不能充分照顾到用户随兴而至的兴趣点。在看吧中既有点播的途径，也可以紧跟热点观看新鲜的电视节目，在节目最热的时候能够马上满足需求，比如，一部电视剧正在热播的时候，既可以同步观看，也可以在耽误之后迅速回看。再比如，超女决赛的时候，既可以马上享受当时的狂热气氛，也可以对喜欢的选手表演反复观看。看吧中的标签不是按逻辑层次呈现的，符合用户的直接兴趣点。点播类别的节目本来是很丰富的，但这种呈现形式却很容易让用户感觉不丰富，看吧的节目是按照时间列表即时更新的，虽然后台节目并不多，却会让用户感受到一种动态丰富性。

　　不同类型的看吧，会以不同的节目形态为主。娱乐综艺、财经、时尚会以挖掘回看为主，体育和娱乐选秀会以直播为主，电影、纪实以点播为主，电视剧的回看和点播并重。原来在点播中始终处于劣势的体育、娱乐在看吧中终于发挥了应有的作用。

　　概括地说，不用换台的一站式服务、即时鲜活性、动态丰富性，是看吧的三大优势。

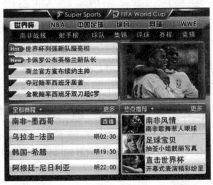

　　看吧既然是集成的，就像超市一样也有扎堆效应，用户进来后能够满足观看需求，才会经常来。百视通最初做过简单的"回看精选"，但收视率并不

高，就是因为没有做足，不能让用户基本满意。

看吧是一种新的收看方式，需要有一段时间来培养和引导用户习惯，必须要坚持住。刚开始推出时，用户不知道这种方式的好处，再加上人质紊乱，收视并不理想，但坚持了半年之后，用户在体验中越来喜欢到看吧收看节目的感觉，总收视大大超过从前。很多用户在调研中说：看吧让电视活起来了。

5.5 聚场：细分需求

"聚场"是按照细分的用户需求，以轮播形式串联节目播放的产品形态。

"聚场"的呈现形态是这样的：从列表页面选中"聚场"名字后，会看到一个"小视频播放框＋相关推荐＋节目单"的 web 页面，点击小视频上的"全屏"按钮后进入全屏播放，播放的视频调取的是后台的点播文件，播放的方式是让预设好的几个视频滚动播出，自动轮播。在全屏播放过程中，按遥控器上的"＋""－"可以像看频道一样进入上一个活下一个聚场。

"聚场"有两个特点。一个是轮播，真正进入播放页面后，用户感到的是几个串联好的视频在自动播放，就像频道一样，适合懒人观看。还有一个特点是充分细分用户需求，让各类人群都能找到属于自己的"聚场"，展现长尾效应。

轮播"聚场"这种形式，理论上可以产生无数虚拟频道，大大弥补了电视台频道数量的不足。电视剧、电影可按题材、名导演、明星细分轮播"聚场"；球赛可按赛种、俱乐部、球星细分轮播"聚场"；娱乐可按有粉丝的明星、名主持细分轮播"聚场"。比如，在上海文广百视通的"聚场"中，就有"高尔夫、瑜伽、姚明、湘江影院、金庸剧场"等四十多个"聚场"。不过，由于人力所限，目前的大部分"聚场"还比较粗糙，更新不及时，缺少精品聚场。但即便粗糙，剧场在浙江等地的收视正逐步提高，成为部分用户的长期观看习惯。

　　从收视上看，金庸剧场、湘江影院等香港电影、电视剧方面的聚场在各地普遍受欢迎。在上海有两个特例，一个是我们合作出品的股票聚场，一个是游戏竞技聚场。看出上海还是大都会，关注金融，受互联网生活影响也比较大。

5.6　专辑：让你过瘾

　　专辑是一种主题化编排的点播形式，没什么技术含量，关键看编辑的对热点的敏感度和对节目的组合创意。

　　专辑有一个最大的好处是：可以不断从一个新的角度、新的亮点中挖掘出节目的价值，引起用户的注意和兴趣。

　　如果用户经常去淘碟，就会看到各种各样的成套专辑在卖，如李小龙专辑、希区柯克专辑、新片速递专辑、科幻大片专辑等等，不少人会专门买这些专辑碟片作为收藏。原来百视通的"专辑"叫作"专题"，笔者感觉"专题"这两个字太内部化了，一般人不感兴趣，不如借用音像市场上常见的"专辑"更为直接。

　　最初，上海文广百视通对专辑的意见是不统一的，有的负责人听了来自个别合作伙伴的片言只语，就认为这种形式是自娱自乐，不会受用户认可。但节目部门坚持下来后，越来越多的人通过进入专辑这个途径来选择节目，到2008年，收视效果已仅次于电视剧。

　　我们这几年的专辑做法主要有以下几种：

　　一、以新片带老片，以新剧带老剧。好的新片、新剧出来之后，其导演、明星往往成为当下的关注热点，这个时候，用户一般会对同一个导演曾经执导过的电影电视剧，或对同一个明星出演过的电影电视剧产生兴趣，过去没有注意的、没有顾上看的，都有可能随着新片新剧的热映热播而重新受到关注。在这个时候，采取专辑形式，用新片新剧牵头，把老片老剧组合进来，就带动了老片老剧的收视，效果不错。比如，如2008年初，院线电影《跟踪》上线，我们配合做了一期"任达华专辑"，把任达华出演过的其他电影组合了进来，上线第一天就有6部老片进入排行前15名。电视剧方面，2008年推出了一个"红人馆"专辑栏目，借《甜蜜蜜》、《闯关东》、《恶作剧之吻》等把邓超、孙俪、李幼斌、林依晨等所主演的其他电视剧重新组合播放，收视效果不错。从2009年初开始，《潜伏》大热，我们紧扣这个热点做了"多面孙红雷"的"红人榜"专辑，把《落地请开手机》等组合了进去，受到用户欢迎。不过，电视剧与电影不同，电视剧的收视周期长，所带老剧的收视一般要过一段时间才能看出效果。

二、以当下热点带老片。很多时候，并没有新片和新剧推出，或者虽然拿到了新片新剧的版权，但由于授权期限的开始时间受到限制，不能在最热的时候及时跟上热点上线。这时候做专辑，就不能以新带老，而是以当下的由头、当下的热点去组合过去的节目，节目全是老的，由头和热点是新的。比如，2007年11月3日，我们借林青霞生日的由头推了林青霞专辑，2008年又借她复出和金马颁奖的热点重做了她的个人专辑，虽然全是老片，但在沈阳等地的收视都不错。不过，这种套路重复用多了也会引起用户疲惫，到2009年再在林青霞生日做同样的专辑时，收视就起不来了。2009年2月26日院线首映《刺杀希特勒》，我们没有电影版权，就当天上线了也叫《刺杀希特勒》的纪实专辑，在6个主要驻地全部进入点播前10名。2009年《我的团长我的团》最热时，我们马上组织了《团长来了》、《团长进行时》专辑，在没拿到《团长》版权、无法及时播放正剧的情况下，把《士兵突击》、《中国远征军》纪实节目、新闻视频等组合到了一起，《士兵突击》等老节目的收视名次大幅度窜升，《中国远征军》在哈尔滨进入前十。

三、淡季时自己营造亮点。有号召力的新片新剧并不是经常有的，当客观缺少热点的时候，就可以通过专辑策划来营造热点，使得淡季不淡。比如，2009 年 3 月份，我们可播的院线片相对比较少，而且版权允许开始播放的时间离开实际院线的时间比较长，于是，电影产品经理于涛、编辑陈湘云等就连续推出了 4 个"邵氏电影月"专辑，带动 3 月份整体访次超过了 2 月，其中一部 1964 年的片子连续十天在福建排到第一，在上海排到第四。邵氏电影基本上都是年代久远的老电影，视听制作效果跟后来的电影不可同日而语，邵氏电影的品牌又是很响的，而做专辑恰恰聚焦了这个品牌，让老电影得以容光焕发。这么老的电影尚且能够达到如此收视，专辑的作用可见一斑。

四、跨类别聚合。专辑是按主题聚合的，不是按类别聚合，同一个专辑里既可以有电影，也可以有电视剧、娱乐、新闻、纪实。2009 年《潜伏》热起来的时候，我们推出的多个专辑都是把谍战剧和谍战纪实节目整合到了一起，用户大呼过瘾。奥斯卡金像奖颁奖时，我们推出的金像奖专辑，就既整合了有版权的提名影片，也整合了一些娱乐节目及视频新闻。春节前推出的《有一种电影叫香港》乍看是只是电影专辑，其实也是对电影和纪实节目整合。百视通的纪实产品经理赵元柯是一名有激情的编辑，所以，他做纪实的风格是对热点比较敏感，在多个影视牵头的跨类别整合型专辑里都有他的策划。

五、按杂志风格重新组织。如《凤凰周刊》，按照杂志风格整合凤凰的电视节目，每周推出一期，上线以来对凤凰的收视有所拉升，而且因为有效突出了"凤凰"的品牌，受到各地运营商的欢迎。

以电影专辑的收视为例来看，老电影策划成专辑之后，收视的生命周期从一个周延长到了两个周，如果片子好、推荐佳，还会再延长。从数据挖掘中看，有些电影属于用户的喜爱度比较高、但到达率不高的类型，喜爱度高说明用户愿意看，到达率不高说明用户没有注意、或不太了解，把这样的电

影包装成亮点鲜明的专辑，提升作用十分明显。从调研反馈看，很多用户一方面嫌片子少，另一方面对一些在线的经典电影确实没有看过，很需要通过专辑策划去挖掘。从编排效果看，专辑里放 5－6 部左右电影比较适宜，过少了难以形成强势，过多了又淹没专辑中的亮点。

5.6　交互：用户作用于节目组织

互动应用是传统电视最大的短板，而 IPTV 在这方面具有非常明显的优势，从 IPTV 诞生之日起，业界就对 IPTV 的互动应用寄予很大的希望。这几年，IPTV 上确实也出现了一些互动应用，但现阶段与互联网相比，还远远不够完善，既没有达到业内人士的期待值，也没有给用户带来足够的惊喜。

从业务应用看，IPTV 的互动应用有两种情况，一种是可以独立做成增值业务的互动，一种是作为辅助手段来促进主要业务的互动。

第一种情况目前主要有游戏、卡拉 OK，都是点对点的互动，曾被很多专家预测为杀手级应用，但目前的游戏和卡拉 OK 却在用户中反应平平，这是现有的技术条件限制的。游戏受机顶盒支持能力的影响，目前在 IPTV 上只限于一些简单的网页小游戏；IPTV 卡拉 OK 在音效、稳定性、响应速度等方面与真正的卡拉 OK 相去甚远。

第二种情况是指并不独立、却作为通用功能配合主要业务的基础粘性互动应用，如互联网上常见的人气排行、标签、即时当页聊天、讨论组等等。现阶段视听业务仍然是让用户"看"的主营业务，怎么通过基础互动应用来让用户看的更爽、更方便、更有效，是现有技术条件和用户习惯下应该务实考虑的问题。这些互动功能一般以改善用户体验、粘着用户、活跃人气为目的，与主要业务有机结合为一个整体，虽然不能成为独立的业务发展，却对于 IPTV 成为正的互动电视起着至关重要的作用。

笔者曾在刚加盟上海文广百视通时，在 IPTV 中长期规划中写过一个关于 IPTV 互动应用的设想。从互动自身的特点看，分为两种应用：

5.6.1　用户行为作用于节目的组织形式和呈现形式

相对于用户直接参与的那种互动，笔者更看重用户行为影响节目组织逻辑的通用互动应用，因为这会从整体上影响 IPTV 的收看方式，其意义不是局部的，而是全局的。

自动排行：

可根据后台实际产生的收视数据对节目自动排行，类似于在百度看新闻。目前大部分用户往往不知看哪个片子好，自动排行主要通过人气分享提供看片的参考，也避免了编辑推荐节目的想当然。

——按点击率的自动排行，点击高的排列在前。

——按收藏量的自动排行，收藏多的排列在前。

——按收视时长的自动排行，观看时间长的在前。

自动排行可与获奖榜单、票房排行、策划排行等一起打造一个"排行产品"

互动关联

1、标签关联

一个节目对应多个标签，让用户从不同的角度都能找到节目，让用户可以从任何一个节目循环到更多关联节目。

两种呈现形式：

热门关键字推荐。标签的呈现与单个具体节目无关，在专门的小区域呈集束状排列，标签名称由编辑根据热点、焦点定义或作智能排序。

节目附设标签。跟在单个具体节目旁边，在提供可选择节目的页面，在所推荐节目海报的上方或下方附设多个标签，由一个节目从不同角度去关联其他相关节目。

标签关联可实现同类别关联、跨类别关联、跨层次关联、交叉关联。

同类别关联。如武侠片和武侠片关联，综艺节目和综艺节目关联，对话类节目和对话类节目关联。

跨类别关联。如，军事一个标签可关联到军事电影、军事剧集、军事案例、军情观察、军事游戏。

跨层次关联。如，古装－武侠、古装－历史、古装－玄幻、古装－爱情。

交叉关联。如，偶像剧－都市剧－情感剧－韩剧。

2、节目关联

不含关键字的节目名称关联。关联的因素不在前台呈现，只在后台作为纽带，用户看不到用来聚合的标签，而是直接在主片旁边看到相关节目。比如，在《霍元甲》旁边可以看到《功夫》－《黄飞鸿》－《猛龙过江》等动作片。

含关键字的标题关联。不是只呈现关键字，而是把关键字含在节目名称中，直接呈现节目，如《周星驰与黄圣依传绯闻》－《黄圣依同周星弛解约》，两个标题中都含有"黄圣依"。

3、行为关联

系统记录下用户常看的节目、常经过的路径，并根据对记录的分析挖掘向用户进行定向推荐、定向推送。对用户行为的记录是一个宝库，有待大力挖掘。

IP，颠覆电视？

收藏夹

由于在 IPTV 上找节目难，如果等到每次到观看前才去寻找节目比较浪费精力，所以，很多用户需要提前先把自己感兴趣的节目加到自己的收藏夹里，这样，在一段时间内，用户就可以直接从收藏夹中选节目看。

于是，收藏夹就成了简单的"我的电视"。

目前的收藏夹只是简单把全家不同成员收藏的各种节目按照时间顺序排列在一起，将来的收藏夹可以进一步细化和挖掘。

分类收藏夹：电影、电视剧、娱乐、纪实等等，名称可以自定义。

分人收藏夹：爸爸的收藏夹、妈妈的收藏夹、儿子的收藏夹，等等。

鉴于一些节目不适合小孩观看，或者出于个人成员隐私的保护，可以推出上锁的收藏夹。

为了把个人的收藏转化为对其他用户的引导，可以按照 web2.0 思路把用户彼此收藏节目名放到一个分享平台上，并实行连锁收费。

书签是在用户观看中途退出时，在节目中间加一个标记，以便下次观看未完的节目时可以直接从这个标记开始观看，不必从头再放。这个功能有点像很多 DVD 的记忆功能。

定制推送

在用户预约题材、节目后，系统自动向用户推送。

行为触发：

在用户发生退出、跳转、暂停等操作行为时，同步触发推荐或直接进行节目推送。

这方面目前已经部分实现的是单个节目推荐页面的标签关联以及简单的收藏、书签，暂时没有实现的是节目关联、行为关联以及自动排行、行为触发、定制推送、细化的收藏。

5.6.2 通过让用户参与来提高粘性或者活跃人气

即时互动间

适用场景：

体育赛事、超女 PK 秀等容易强聚合人气的节目播出过程中。

应用形式：

在直播体育赛事、超女 PK 等的频道或拥有狂热粉丝的超女、快男轮播"聚场"开设即时互动的 ROOM，让用户边看边互动。由于遥控器不能自如输入汉字，在 IPTV 上可以让用户在房间里扔鲜花、扔啤酒瓶子、扔臭鸡蛋、扔皮鞋，或者发送飞吻、大怒、狂顶、喝彩等种种表情。

在家庭 K 厅里也可以开设 ROOM，约人一起唱歌，或参加线上比赛。

TVMS

TVMS 是 IPTV 的实时消息系统，集成了广播消息、紧急消息、广告消息、互动竞猜、电视短信等多媒体消息业务，可为用户提供一个实时的消息交互平台。

TVMS 发送的消息支持多媒体格式，包括文字内容、图片、链接等元素。

TVMS 既可以广播推荐信息、紧急消息、问候祝福、缴费提醒、广告、公告，也可以让用户参与投票、竞猜、竞答、即时聊天、发短消息。

录制

——即时录制

——预约录制

上传下载

——机顶盒支持用户从网上下载视音频或上传到自己 IPTV 上观看。

——建立限制级的分享平台实现连锁收费

积分系统

适用场景：游戏、卡拉 OK、教育

应用：

——通过积分让用户不舍得放弃。

——通过积分让用户进入全排行系统。

——通过积分刺激用户参与的兴趣。

语音识别系统

适用场景：卡拉 OK、英语教育

应用：

——声音纠错

——作为积分依据

这方面已经部署实现的是基于页面的竞猜、投注以及 TVMS 中的广播消息、积分等，暂时没有部署或没有实现的是 TVMS 中的信息交换、信息反馈功能以及即时互动间、录制、上传下载、语音识别系统等。

基础互动一定要在合适的应用场景里才能发挥作用。常见的误区是为互动而互动，误以为有了功能就是好。这种误区在没有做过互联网的人里反而更常见，缺什么就特别强调什么。以赛事的投注、竞猜和即时互动为例，笔者在开会时一直提醒，这样的互动只有放在直播过程效果最好，如果与直播分在了不同的区域，那么，用户为了参加互动还要离开扣人心弦的直播而专门跑到另一个区域去，试问，有几个用户愿意这样呢？

5.7　EPG：易用好用的通道

在传统电视上看节目，只要拿起遥控器按"上""下"换台键就可以了。在 IPTV 上则不行。IPTV 上有太多太多的节目，这些节目又存在于点播、直播、回看、轮播等各种产品形态中，即便只在点播中也有很多类别，无法简单操作，因此，IPTV 在节目播放前比传统电视多加了一个界面，这个界面提供的标记、指引和通道可以引导用户找到节目，并在节目和节目区域之间跳转，这个界面和它所提供的各种引导功能就是 EPG。

EPG 是 Electronic Program Guide 的英文缩写，意思就是电子节目菜单。EPG 不只是一个表层设计页面那么简单，其背后是一个用来提供索引、导航和推荐，并调用各种数据的查询系统。在 EPG 界面上一般都提供各类列表菜单、图文按钮、名称链接等组件，可供用户在寻找或选择节目时直接点击，也可查看节目介绍、演员介绍等节目附加信息。在 EPG 的界面可以呈现多媒体内容，不仅可以呈现静态的图文，也可以呈现动态的视音频。

EPG 既是用户进入 IPTV 的门户系统，也是用户寻找节目、选择节目和跳转节目的操作平台。

用户是通过 EPG 与 IPTV 交互的。用户提出请求后，EPG 会对用户的发出的指令进行解析，然后作出响应把结果发回给用户。EPG 主要分为 Web 表现层、系统和业务逻辑层和应用服务层三个模块。其中，表现层引发人机交互，业务逻辑层是 EPG 后台实现交互的核心功能，应用层是支持运营的关键。

EPG 的开发设计与运营公司在不同阶段对用户行为的认识、对业务运营的认识有很大关系。虽然 IPTV 的 EPG 在交互性上优于数字电视的 EPG，但由于对用户和业务的阶段性认识局限，也仍然在摇摆中摸索前行，走过了几个阶段，总体上正趋于成熟。

笔者刚加盟上海文广百视通时，提出了一个 EPG 改版计划，其中的思想和方法至今仍有用。当时定下的改版原则是：

1、有助于让不同习惯、不同兴趣的用户迅速、准确地找到节目。

2、有助于刺激起用户观看使用 IPTV 的冲动。

3、有助于形成让用户乐而忘返的循环通道。

4、有助于兼容已看到前景的新技术新应用。

5、有助于对接运营中的常用收费模式。

6、有助于强化媒体特性、内嵌产品组合。

7、有助于统一架构和选择顺序，固化用户习惯。

由于现阶段的用户对节目不是太熟悉，节目在线量也有限，为了改变用户依赖"查询"的消极状况，激发用户需求，突出媒体特征，笔者当时在计划中着重提了"交叉推荐"的要点：

1、改变单纯依赖首页推荐的局限，在用户实际经常登陆的页面上增设交叉推荐位。

2、选择频道时同时显示该频道的节目播放列表，在频道直播过程中实现浮动菜单。

3、建立回应用户点击率的排行系统向用户进行人气分享推荐。

4、增加滚动字幕推荐，解决节目播出过程中缺少即时推荐的难题。

5、节目播完后，退出画面具备长尾推荐，或推荐栏目，或推荐节目，或提示进入下一集。

6、设置"最热"、"最新"、"榜单"三个不同角度的推荐按钮，以便于用户从不同出发点找到节目。

7、最受欢迎的类别或功能应在首页导航上出现，如纵列中的电视剧、电影。

8、回看除了顺序播放的菜单外，增设按节目类别的菜单。

9、在点播主页面选择节目类别时，右侧显示相应的多个推荐。

其中，1、2、4、5、6、7、8、9项基本实现，其中第5项虽然早就实现了，也用了很长时间，但后来不知为何取消不用了。第3项是部分实现，建立了排行，也参考了点击率，但并不是自动生成的，这与目前的运营策略有关。

为了让用户在IPTV能够转起来，笔者还在计划中提了"关联循环"的建议。

这个关联主要以标签关联为主。为一部片子或节目设置多个标签，不同标签自动进行相关聚合，以便于用户从不同路径找到节目。如一部电影可分设类别、导演、明星三个标签。

标签关联虽然实现了，但效果不是太好。一方面标签淹没在单个节目的推荐区中，提示不明显，大部分用户不知道是可点的标签；另一方面媒资库内已输入标签的节目不多，导致能关联的节目太少，尤其是笔者离职后，不知为什么原来已有的很多数据似乎丢失了，原本有些明星可以关联十几个节目，现在却只剩下了一两部。

IPTV的EPG在开发和部署中受到很多客观因素的制约，除了上面提到的公司对用户和业务的认识之外，还有机顶盒和系统底层的支撑能力、各地IPTV的发展实际、运营商对版本选择和部署时间的考虑等等因素。百视通EPG设计部门的高级经理华定方也有一些不错的构思，反复设计出了很多版本，有的版本还很超前，但他却不得不受到来自公司、运营商和用户的不断挑战和 PK，客观上很难完全实现想法。笔者也经常会陪他去跟公司内外不同的人去博弈，最终只能找一个迁就现实的折中方案。

从百视通的实践来看，主要有四种 EPG 版本：

第一种版本的 EPG 在奥运之前很长一段时间存在，优点是逻辑清晰，不杂不乱，缺点是像一个冷冰冰的查询机。这个缺点表现在两个方面：一是只实现了索引、导航等基本功能，只是被动响应用户点击请求，缺少诱导元素，用户有明确需求时会"按需观看"，没有明确需求时很难被点燃需求；二是完全以严谨的目录树结构来布局，层次较多，不够扁平化。简而言之，这个阶段的 EPG 基本是技术思路的产物，没有媒体特征。在这个阶段的 EPG 首页上，点击最多的是下面的推荐大图，其次是上面的点播、回看等功能导航条，再次是左侧的主要节目大类名称。虽然后期把左侧个别节目大类改成了新节目名称展示，但基本风格和基本效果没有太大变化。

第二种版本的 EPG 是百视通赶在奥运会之前推出的奥运版本，特点是突出首页上的超大视频，虽然在视频之外还是只有导航、索引以及更小的图片，但是大视频的动态冲击力却让 IPTV 活了起来，张扬了电视终端的魅力。很多用户反馈说，这个样子像电视了，看着有感觉了。这个版本的最大优点是整体上刺激了用户的观看冲动，缺点则是由于目前首页视频推荐的节目不可单点进入，文字按钮又放不下具体节目名称，所以，具体节目对收视的贡献仍然受限制。

如图：

第三种版本的 EPG 是奥运后不久在浙江等部分驻地推出的 9·15 版本。这个版本与以往最大的不同是增设了一个热点节目名称的推荐区，让用户终于能在首页上看到了里面的不断更新，感受到了具体节目的新鲜刺激。这个版本的好处是可让里面的热点、更新在首页上随时体现，不断吸引用户目光，不过由于视频不够大，很难做多画面处理，实际观看的效果也略显小气。

如图：

第四种版本的 EPG 从 2009 年下半年陆续在不同驻地推出，于世博开始之前在各地部署完毕。这个阶段的 EPG 是一个集大成者，融合了前两个阶段三种版本的优点，既有明确的导航、分类索引，也有具体新节目、热节目的专门展示区，首页视频也很大；看吧等新的节目形态在 EPG 上有了固定的呈现和与点播对等的地位，向用户同时提供了按照"最新"、"最热"和"榜单"观看的明确路径，照顾到了各种用户的收视习惯；由于上面的做法，比原来相对扁平化。这个版本的 EPG 也有个缺陷，就是比较拥挤，一开始上线时容易让用户难以适从，甚至觉得杂乱。大胆扬弃的版本不是没有设计过，只是在内部和外部的七嘴八舌中还是没能出炉。

如图：

由于各地 IPTV 的发展不平衡，EPG 需要有一个稳定期来照顾用户习惯，也牵扯到方方面面的事情，不是说改就改的，所以，EPG 版本在各地是犬牙交错的，不是依次更替的。有的驻地一开始就直接部署奥运版本；有的驻地在很长一段时间内维持老版本，然后换成 9·15 版本；上海驻地在部署了奥运版本之后，并没有经过 9·15 版本，而是等到世博开始前直接换成了最新的版本，而这个最新的版本在其他驻地已经于 2009 年第四季度就陆续部署

了。百视通很想整齐划一，但毕竟做不了各地电信的主，这就给平时的节目运营带来了很大的不便。

EPG 的按钮设置、标签设置，是一定要结合应用场景的，否则不仅效果不好，还成了扰民因素。比如，当用户选定某个节目想看而未看时，推荐别的节目一般不会引起点击，即便开始观看了，还有因为没意思而想换节目的可能，想看未看时是很难再换的。

从用户的普遍反馈看，IPTV 的 EPG 一直存在操作复杂的问题，用户在使用时动作多、琢磨多、心理障碍多。在 2009 年初的一次展览中，我们从众多用户的咨询中发现了一个怪异的现象：一些中老年用户往往不太熟悉 IPTV 的内容和功能，而小孩们却能娓娓道来，经常插话给大人们解释。这固然与大人们饱受各种 SP 陷阱的欺骗有关，也与大人们在接受新生事物方面的惰性有关，而小孩们不仅百无禁忌、经常乱点，对新生事物的接受能力也非常强。这还是说明，我们的 EPG 对于目前的用户而言太过复杂。

抛开用户特点不说，我们的 EPG 自身原来也有个需要进一步标准化、简明化的问题。由于历史形成的原因，同样一个按钮在不同功能区的位置经常有区别，同样的产品形态在布局上也不太相同，用户进入不同区域后，往往操作顺序、操作方式不完全一样，需要看清楚提示才能动，没能形成固定的行为习惯。这是造成很多用户困惑的原因之一。09 版 EPG 虽有所改进，但仍然不够，还要从用户那里找到根据，进一步形成标准化。

迄今为止，国内各个版本的 EPG 有一个共同的特点，就是让用户在同一屏看到尽可能多的东西，照顾尽可能多的习惯，而没有从电视终端出发，大胆扬弃。这与国外那种简洁、炫动的 EPG 形成了对比。笔者认为，国内 IPTV 在设计 EPG 时需要注意以下几点：充分考虑到 IPTV 这个播放终端，既不同于电视机，也不同于 PC 机；充分考虑到用户的观看空间是多人的、遥控的空间，而不是纯粹的个人近距操作空间；充分考虑到遥控器和鼠标的区别——层次清晰不一定等于操作方便。在电视终端上，好的 EPG 应该前台简便，后台复杂；在前台突出电视的炫动感，净化界面，在后台充分利用互联网的组织逻辑。

简而言之，真正好的 EPG 是看着简单，但实际不简单。

第六章 中国 IPTV 的运营策略

6.1 中国 IPTV 的运营逻辑

中国 IPTV 的运营是没有先例的，既不能完全照搬国外的 IPTV 运营，也不能完全照搬国内其他媒介形态的运营。

在政策束缚和市场观望的情况下，IPTV 只能自己摸索出一套适合的运营策略。

概括地说，目前 IPTV 的运营模式是："B + B→C"，以前向收费为主，以后向收费为辅。

在 IPTV 的不同阶段，运营的侧重点也不同，各地 IPTV 的发展也不完全同步。

在每个地方筹备 IPTV 的时候，关键在于破局，在于找到一个利益共享、调动合作几方积极性的合作框架；

在当地项目的启动期，主要侧重把市场营销与 IPTV 最具诱惑力的体验型功能结合起来推广；

在当地项目的磨合期，应该侧重对最终用户的数据和市场反应进行理性挖掘梳理，以求得合作几方的共识，减少退户率，培养用户习惯；

在当地项目的发展期，主要侧重形成内容产品的竞争优势，同时提高开户率和收视率；

在当地项目的成熟期，应侧重进一步细化和挖掘内容产品、增值应用的收入转化价值，以形成有效的长尾平台，稳定提高用户 APRU 值。

当然，运营策略不是这么机械的，上述表述只是各个阶段的侧重点，在实际业务开展中会有所交叉，并因当地特殊情况有所调整。比如，在项目的筹备期，虽然还没到对盈利模式深耕细作的阶段，但为了令合作方看到"钱景"，还是要先拿出有力的方案。

从启动期到发展期，中国 IPTV 的一个突出特点是电信运营商的规模推广，这种方式的优势就是用户扩张快，缺点就是容易出现泡沫，在早期的 IPTV 发展阶段，不乏为完成任务而出现的"养机专业户"（一名电信员工拥有几台机顶盒）。随着产品的成熟、市场的明朗，中国 IPTV 应该逐步向完全的市场化靠拢，尽量靠过硬的产品争取更多用户的自然选择和理性选择，避免各种资源浪费。

中国 IPTV 从一开始就在不断想赚钱方式，但因成本巨大、用户消费有待培养，所以赚钱十分艰难。至于中国 IPTV 是否已赚到钱？这要分别站在电信网络运营商和内容集成运营商两个立场去看。

站在电信运营商的角度，如果单看 IPTV 业务，由于网络投入、平台投入、终端投入、营销投入非常巨大，按照把全部投入计入成本的统计口径，暂时还难以赚钱；如果把 IPTV 与宽带发展一起看，IPTV 就成为刺激宽带发展的重要应用，总体上仍为电信运营商带来了收入。这也是电信企业愿意拿出宽带收入补贴 IPTV 发展的原因。

站在百视通这样的内容集成商的角度来看，由于按照合作协议百视通肯定可以分到钱，而版权成本也在随着用户规模的扩大而不断摊薄，所以赚钱是相对容易的，这也是百视通三年前就被投资界称为"赚钱机器"的原因。但百视通的这种利润受制于同电信运营商的分成和补贴，本质上属于"伪利润"，有着阶段性限制。多家内容集成商开始进入实际运营之后，其中一家的利润天花板也有可能降低。

6.2 中国 IPTV 的发展模式

许多文章把 IPTV 的上海模式、云南模式、杭州模式等等称之为"商业模式"，这是不严谨的，是评论者们没有弄清商业模式是怎么回事就提出的似是而非的叫法。其实，这些模式更多侧重于发展中的合作模式，而对于围绕商业目的把盈利模式、合作方式、技术结构、营销渠道、市场关系等要素组合起来的商业逻辑，并没有囊括。

作者更愿意把这些模式称为 IPTV 的"发展模式"。

许多文章只是把哈尔滨模式、上海模式、江苏模式同河南模式、云南模式、杭州模式并列，没有说透业务发展的逻辑递进关系，这也是不严谨的。实际上，在 2010 年之前，哈尔滨模式、上海模式、江苏模式大体属于一个类型，只是随着形势的发展，三地的发展才分化出各自更清晰的特点，即便这样，哈尔滨模式、上海模式、江苏模式也明显有别于云南模式和杭州模式。

因此，本书在分别介绍各地模式之前，先把百视通参与合作的基本发展模式合并分析清楚。

百视通参与合作的基本发展模式是广电企业直接对接地方电信（内容集成商＋电信运营商）、并按合作双方的分工和贡献进行利益分配的模式。江苏模式的出现，使得原来的"1＋1"模式变成了"1＋1＋1"模式，双主体成了多主体，但对单个广电单位来说，并没有与其他广电单位组成合资公司或者联合体，仍然是直接对接地方电信。

在这个模式中，百视通负责内容的引进、集成和播控，负责内容的组织和呈现，向用户提供有竞争力的产品；电信运营商负责提供宽带网络、系统平台、营销渠道和服务支撑，发展用户，双方各自扬长避短，强强联合。用户的付费由电信运营商统一收取，百视通将按照各地商务谈判确定的比例对每个用户提取一定数额的 APRU。

直接对接模式的优点是：结构相对简单，分工也很明确，有利于各自发挥优势，双方都能接受，利润天花板相对多方参与的模式要高。缺点是：没有考虑到地方广电的利益，容易引起当地广电的消极态度甚至对抗；双主体势均力敌，缺少强势的牵头者，一旦产生冲突，容易在扯皮中相持不下。

百视通各地的合作模式在 IPTV 发展前期是相对统一的，各地只在具体运营手段、营销手段上有所区别。其中，哈尔滨、上海、江苏的发展有着相对明显的特色和代表性，在新的发展阶段，这三地的发展才真正出现模式上的特色。

这个分类只是对前期 IPTV 发展的总结，随着三网融合的深入和 CNTV 话语权的增强，原来的模式正在出现融合的迹象。

1、哈尔滨模式

哈尔滨是中国第一个合法发展 IPTV 的城市。所以，哈尔滨模式带有明显的初创者色彩。

2005 年 5 月 17 日，刚刚拿到 IPTV 全国牌照的上海文广百视通与哈尔滨网通联手，启动 IPTV 的正式商用局的建设。上海文广百视通负责视听节目内容的审核和播控，负责内容管理、业务运营、业务管理（除认证计费）、运营支撑（除维护服务）；哈尔滨联通负责面向用户的认证计费、客户服务、投资、建设及维护（包括终端）。

在启动阶段，上海文广和 UT 斯达康起到了实际上的破局作用，哈尔滨 IPTV 的终端由上海文广负责购买，而 UT 斯达康又以赊账的方式把终端提供给了上海文广百视通，三方从用户收入中进行分成。这就打消了哈尔滨网通对成本投入的顾虑，下决心把 IPTV 商用业务开展起来。

哈尔滨 IPTV 的市场拓展，是网通运营商的全员营销战略带动起来的，时间不长就形成了小规模的用户，IPTV 业务也在当地产生了一定知名度。但全员营销也导致了泡沫的产生，加上没有在产品和业务的精耕细作上及时跟上，订购周期结束后出现了较高的用户退定率。后来，网通集团的动荡也影响了哈尔滨 IPTV 的发展，所以，几年来一直没有大的起色。

哈尔滨的 IPTV 从一开始就是在当地网通和当地广电之间的激烈矛盾中成长的。由于广电不提供本地电视节目，导致 IPTV 的本地内容缺失。这也说

IP，颠覆电视？

明，百视通模式的短板从一开始就出现了。

2、上海模式

上海模式是典型的强强联合模式，也是前期 IPTV 发展中最有代表性的百视通模式。这一模式先期曾得到各地电信企业的学习，但后期在其他地方有可能向江苏模式过渡。

上海是上海文广百视通的大本营所在，所以，上海文广在节目资源、人力资源、媒体资源方面对上海 IPTV 的倾斜，以及上海文广与上海电信之间高层互动的便利，都是其他地方很难比的。

在上海电信和上海文广新闻传媒集团联手打造的模式中，双方各司其职，有序分工。上海电信负责 IPTV 网络和服务平台支撑，负责增值业务管理，负责用户发展的管理、认证、计费，负责网管监控系统、客服、数据收集，负责流媒体服务、存储和 EPG 分发系统，负责 EPG 面向用户服务的系统；上海文广百视通负责视听内容的生成系统、内容审核及监控系统，负责视听内容集成运营平台，负责视听内容的管理与发布系统，负责视听内容的计费策略、业务确认，负责视听节目 EPG 管理与发布系统。百视通的内容集成播控平台与电信运营商的传输系统、后台业务管理系统对接，双方为用户全面提供IPTV 的综合服务。

在市场推广方面，上海文广也与上海电信作了合理分工。上海电信负责平面媒体和户外广告，上海文广负责在旗下所有媒体打广告。在双方的通力协作下，上海 IPTV 的营销力度和影响超过其他地方。

这种模式实现了双赢，被业内称为"上海模式"。

在基本包月租费之外的收入以及相关的业务，也曾引起双方的争论，经过博弈，形成了如下处理：

按照双方的约定，并不是所有内容归到百视通运营，而是视听节目归百视通运营，图文信息类内容作为增值业务归电信运营（终审权还在百视通）。

上海电信负责平台上的所有增值业务，并从中获得收入。目前已同其他CP、SP 合作陆续推出了休闲游戏、卡拉 OK、电视杂志等增值应用。

百视通则负责基于视听节目的全部广告业务，目前广告收入接近 8000万元。

2009 年 12 月 16 日，上海 IPTV 用户总数达到 100 万，上海成为全国最大且是唯一的 IPTV 本地网和用户规模过百万的城市。

截至 2011 年 7 月底，上海 IPTV 用户数达到 140 万户，作为 IPTV 商用局，其用户规模是仅次于江苏省，但从城市的 IPTV 用户规模来看仍是全国第一。

2011 年年初开始，上海电信依托"城市光网"计划，实施宽带升级，并与百视通联手，共同发力高清 IPTV 业务。

上海 IPTV 的发展大幅度提升了城市宽带水平。

附：上海 IPTV 发展大事记

2005 年 3 月，上海文广获得国家广电总局颁发的国内首张 IPTV 集成运营牌照。

2005 年 5 月，中国电信与文广签订 IPTV 合作框架协议。

2005 年 7 月，上海电信与上海文广签订合作协议，开始联合运营上海 IPTV。

2005 年 10 月，上海电信在浦东和闵行开放 IPTV 试商用，并逐步推广到全市。

2006 年 9 月，上海实现全市 IPTV 业务商用开播。

2007 年 8 月 5 日，在世博会倒计时 1000 天之际，IPTV 推出世博会专题。

2008 年 5 月 17 日，高清 IPTV 试商用。

2008 年 6 月 25 日，"中国电信 IPTV 实验室"在上海成立。

2008 年 8 月 8 日，IPTV 多视窗高清转播北京奥运会。

2009 年 4 月 28 日，中国电信视讯运营中心正式在浦东揭牌，上海市市长韩正与中国电信集团公司总经理王晓初共同揭牌。

2009 年 10 月，经上海世博局授权，上海 IPTV 成为 2010 年上海世博会传播媒体。

2009 年 11 月 12 日，中国电信视讯运营中心在上海浦东金桥正式挂牌运营。

2009 年 12 月 16 日，上海 IPTV 用户总数达到 100 万，上海成为全国最大且是唯一的 IPTV 本地网和用户规模过百万的城市。

2010 年 1 月，上海推出国内首张集数字电视新媒体与金融服务一体的联名信用卡——兴业银行上海电信 IPTV 百视通联名信用卡。

2010 年 1 月，流媒体网携手上海电信推出限量 IPTV 软终端，供业内了解及体验 IPTV 业务。

2010 年 9 月，9 月下旬，上海电信在 IPTV 社区平台上开放了订餐、团购服务业务，开拓了 IPTV 业务的一块新市场。

2010 年 12 月底，上海 IPTV "放心服务进万家"活动拉开帷幕，推出一系列的便民、惠民服务。

2011 年 3 月，上海电信发布"二免一赠一极速"的"城市光网"计划，实施宽带升级，并且与百视通联手推出 IPTV3.0 视频业务，共同发力高清 IPTV 业务。上海电信 11 个高清频道正式投入运行。

3、江苏模式

江苏模式是一个开放合作的多赢模式，江苏电信不仅与上海文广、江苏电视台两家牌照商进行了合作，在内容上也与新华社、央视、江苏文化产业集团等进行了不同程度的合作。

2005 年 8 月，江苏电信作为中国电信集团首批试点省份之一，承接 IPTV 试点工作。

2006 年 9 月，江苏电信正式向公众推出 IPTV 业务。

2008 年 5 月，江苏电信与上海文广百视通正式合作，用户发展加速。

江苏 IPTV 业务不仅面向公众家庭用户提供视频节目服务，还针对党政机关、中小企业、酒店、彩票等行业用户提供了一系列行业应用，如：农村信息化、党员先进性教育、酒店方案应用、远程教育、教育信息化、公众场所视频监控、行业视频监控、江苏体彩高频开奖直播等。

2009 年年底，江苏电视台获得广电总局关于 IPTV 的批文，允许其在当地开展 IP 电视业务。

至此，江苏 IPTV 合作从"1 + 1"变为"1 + 1 + 1"，形成了"全国牌照运营商（上海文广）＋地方牌照运营商（江苏广播电视总台）＋江苏电信"的双牌照合作的"江苏模式"。

按照合作分工，江苏广播电视总台以提供直播内容为主，百视通以点播内容和新业务发展为主，双方优势互补，业务分成。这样，江苏电视台解决了 IPTV 的本地节目和当地推广问题，百视通也得以发挥在点播内容和新业务创新方面的优势。这一模式解决了地方广电不支持的问题，充分实现了"人和"。凭借江苏电信强大的市场运营能力和宽带用户规模基础，江苏 IPTV 业务迎来了大发展。

2011 年 7 月底，江苏全省 IPTV 业务用户数达到 237 万，成为全国 IPTV 用户数最多的省份。

截至 2011 年 11 月 25 日，江苏全省 IPTV 业务用户数已超过 250 万。

随着三网融合中 IPTV 新政的推出，江苏模式有可能成为三网融合的主要模式之一。

4、杭州模式

杭州模式是直播电视走广电有线网络、互动点播走 IP 网络的模式，是广电体系联合电信运营商，并由广电运营商来进行市场运营的业务模式。

杭州 IPTV，是在杭州网通和数字电视有限公司的基础上形成的互动电视（IPTV）业务，由广电运营商（杭州华数）运营，但又可充分调动和利用杭州网通这一通信运营商的资源。

杭州模式是在特定历史时期产生的特定产物，在其他地方难以复制。

杭州的 IPTV 业务在浙江的独特优势，是在资金和业务拓展方面获得当地政府大力支持的优势。但一旦离开浙江省，这一优势就不存在了，既难寻像杭州网通这样优质的 IP 网络运营商，也同当地广电之间存在互相防备的问题。

5、云南模式

2009 年 10 月 18 日，央视国际与云南电视台联合组建云南爱上网络 IPTV 公司，并通过该公司与云南电信就 IPTV 业务进行全面的合作，开启了国内首家 IPTV 牌照商、地方广电和电信联合运营的合作模式。

云南爱上网络 IPTV 公司，由央视国际和云南电视台以 6∶4 的比例合资成立。通过牌照商和地方广电成立合资公司的方式，有助于解决 IPTV 的"二次落地"问题和监管问题。合作三方在权利义务、合作模式、股权比例、利益分配等方面的约定，有助于云南 IPTV 有序梳理当地各方的利益纠葛。

云南的 IPTV 平台上不仅有央视提供的内容，还有云南省公司的 7 套直播，云南各地市的直播节目也将陆续引入。这样的内容组合可以很好地满足本地用户的需求。

2010 年 7 月 13 日，《关于三网融合试点地区 IPTV 集成播控平台建设有关问题的通知》发布，通知规定：按照通知精神，中央电视台及中央电视台与地方电视台组成的联合体，将按照统一品牌、统一呼号、统一规划、统一洽谈、分级运营的原则，与负责 IPTV 传输业务的电信企业统一洽谈签约。

这样看来，云南模式有可能在三网融合中得到大力推广。

到 2011 年底，云南 IPTV 项目经过两年运营，在用户规模、市场推广、节目内容、运营收入等方面都取得了一定的成绩。

2011 年 9 月 19 日，在云南腾冲召开的首届 IPTV 业务研讨峰会上，云南电视台台长赵树清表示："截至目前，云南全省 IPTV 用户规模已超过 16 万，日均新增用户量达到 500 – 600 户，发展势头良好。另据中国电信集团最新的统计数据显示，云南电信 IPTV 发展任务指标完成率达到了 131%，位居集团各省分公司的第三位。"

6、河南模式

河南模式不同于其他模式之处在于"曲线救国"，不是从面向家庭用户的公众业务切入，而是从农村党员干部现代远程教育切入，再向公众业务和行业业务延伸。

河南联通打造的这种"从农村包围城市"的模式，对暂时没有政策支持的运营商可供参考。

为了绕开 IPTV 的政策障碍，河南联通联合河南本地企业威科姆公司，利用中组部、科技部、农业部等部委及社会各行业都在面向农村开展信息化应用的机会，借助远教平台开展农村远程教育项目，推出了"河南畜牧业信息港"、"金牧阳光"、"文化共享"、"烟 E 通"等行业应用，之后顺便推出了面向公众用户的"网络 DVD"业务。

河南模式让 IPTV 业务巧妙规避了牌照的限制，满足了广大农民的文化生活需求，得到了组织部门、宣传部门的支持。但是，由于用户群消费能力较低，ARPU 值也不高。2011 年广电直播星业务大规模启动之后，这一模式将很快失去优势。

6.3　中国 IPTV 的盈利模式

IPTV 的盈利模式是明确的，一是前向收费，二是后向收费。在目前阶段，由于用户需要先交钱开户，才能看到节目，所以，IPTV 的盈利模式以前向收费为主，以后向收费为辅。

一、前向收费

所谓"前向收费"，就是向最终用户收费。

在盗版泛滥、靠免费视频争夺网民点击的互联网，是很难进行前向收费的，因为用户在网上可以通过很多途径看到质量相似的内容。收费很容易把用户推向别的网站。

在以电视为终端的 IPTV 上，"前向收费"却相对容易实现，并形成了良性循环。这是因为，IPTV 所提供的回看、时移、点播功能，在免费的传统电视上是享受不到的；IPTV 所提供的好莱坞大片、TVB 港剧、NBA 赛事等，在免费的传统电视上也很难方便、集中地看到。数字互动电视也可以提供，但目前可以与 IPTV 媲美的并不太多。在同一个地方，IPTV 的直接竞争对手很少，即使有类似质量的内容和服务，也是前向收费，所以，只要用户选择了电视的观看场景，很难像在互联网上那样转到免费电视上享受同样的产品和服务。

IPTV 的前向收费分两大类：

1、按月收费

（1）基本收视包

基本包一般是综合包，以电影、电视剧为主，兼有新闻、娱乐、体育、时尚、纪实、少儿等各类节目。基本包主要是为了能够基本满足家庭观看的共性需求。在基本包中，电视剧的收视份额是最大的，对于粘住用户起着最大的作用，其次是电影。

一个地方的基本包不一定只有一个，可以根据当地用户的消费层次设计 2－3 个，由用户自行选择，并根据用户在一段时间内的反应进行调整。

（2）精选包

在购买了基本收视包之后，用户还可以另外对自己感兴趣的特定节目包月付费。这种在基本包之外按照用户的细分需求专门设计的节目小包，是精选包。

一个基本包，可以附带多个精选包。从用户数据来看，适合做精选包的有好莱坞经典大片、境外纪实节目、军事、韩剧等。

（3）直播

如 NBA 赛事、英超赛事等。在目前的 IPTV 平台上，是含在了"看吧"中的专区里。

2、按次收费

用户每观看一次需要付一次费。最适合按次付费产品的是最新大片，包括大陆、港台、好莱坞的最新院线片。

增值业务中的游戏、卡拉 OK 等可以尝试前向收费。

二、后向收费

所谓后向收费，就是向合作的商业客户收费，如向广告商收费。

目前 IPTV 的后向收费以广告为主。由于基本包的节目数量可以同时在线 1 万－3 万小时，用户购买了基本包后相当于"准免费"，所以对广告可以具有有限的承受力。

IPTV 是可交互的电视终端，同时具备电视广告和互联网广告的优势，既有影响力，又可定向营销，所以，广告潜力巨大。

IPTV 是双向的，又有延时直播，所以广告位远比传统电视数量多。

可作广告位的主要有以下几种：

1、首页和内页页面的 Banner 和 Button。

2、首页 trailers 中的视频广告。

3、企业赞助的专区。

3、开机过渡页面广告。

4、页面跳转广告。

5、退出页面广告。

6、浮动菜单广告。

7、视频前插、后插广告。

8、栏目冠名广告。

9、TVMS 推送。

增值业务中的商用合作项目可以考虑后向收费。

6.4　付费产品的定价策略

一、基本包定价

每个城市的基本包应根据当地用户的消费层次决定。

新开业务的地方可参照相似城市已开业务的基本包价格，可参照同一城市数字交互电视的基本包价格。如果没有参照，只能直接找本地的潜在用户调查分析。

可设 2－3 个基本包试探市场，并根据市场反应进行调整，确定主打基本包的类型。

如果设了 2－3 个基本包，包与包之间的价位应适当拉开，包与包的节目数量和质量也要明确分清，不要离得太近，以免互相干扰，导致用户只买价格最低的，或者在到期转移时发生纠纷。

建议以 2 个包为宜，尽量不做最低端的基本包，以免影响 IPTV 口碑或拉不动市场。

基本包可与电信运营商的宽带捆绑，在套餐里优惠销售。

基本包在 IPTV 的导入期、成长期、成熟期可以设置不同的价位。

二、按次付费定价

按次付费价格的主要参照系是当地盗版 DVD 的市场价格。

定价可分两种情况：大多数电影每次付费的价格应比当地盗版 DVD 的价格略低，根据片子影响力定在 2－4 元之间，但号召力特别强大、在当时缺少途径观看的大片可适当高于当地盗版 DVD。

可制定按订购量历史优惠、或按积分多少优惠的激励政策。

新片离实际院线时间越短，价格越高。在上线一段时间之后，可以适当降价，但调价之前的时间不要太短，以免用户等降价再购买。

按次付费的节目可以设置定价和优惠价两个价位，在推广期和特殊时期优惠，但不宜完全免费，以免出现反作用。

三、精选包定价

这里的精选包指百视通平台上的特制小包，不同于华数平台上的强档包。

精选包的价格应同时结合基本包价格和用户的承受能力来定，最好在基本包价格的三分之二以下，二分之一以上。

精选包的价格应与按次付费的价格相协调，以免互相抵消吸引力。比如，如果精选包的价格只相当于 2 部新片的价格，那么用户就很难去按次付费。

精选包的节目量应与价格相匹配，以免浪费资源；节目更新的速度应照顾用户观看的速度，以免浪费了收费机会。

可制定按照用户订购数量优惠的政策，鼓励用户增加订购，但优惠幅度不宜超过原价总和的一半，否则起不到增加收入的目的。

精选包可以设置定价和优惠价两个价位，在推广期和特殊时期优惠，但不宜完全免费，以免出现反作用。

一部电视剧包含很多集，也是以打包的形式销售。最好前三分之一免费，等用户被吊起胃口、欲罢不能时再开始收费。

6.5 IPTV 的营销策略

IPTV 在市场导入期的推广难度非常大。即便到了成长期、成熟期，要开发新用户也不容易。

许多顾客一听 IPTV 这个名字就头大，一听要加机顶盒就排斥。连让一些顾客明白 IPTV 是什么都很难，何况要让这些顾客被 IPTV 的亮点所吸引。

这与 IPTV 的特性有关系。IPTV 不仅是与传统电视完全不同的电视形态，也是一个体验性、直观性很强的产品形态。

这与 IPTV 的用户群结构有关系。相当一部分传统电视的用户本来就缺乏对新技术、新媒体的接受能力，而相当一部分互联网用户虽然了解 IPTV，却又没有看电视的习惯。IPTV 的用户需要重新发现。

这也与大多数人消费电视内容的习惯有关。本来一直是免费看电视，现在突然告诉他看电视要交钱，一些顾客自然会条件反射地产生防御心理。

总结 IPTV 业务开展的经验教训，IPTV 的营销策略有以下关键点：

一、找准 IPTV 核心用户集中火力营销

IPTV 的用户分两大类：一类是家庭用户，一类是行业用户。

电信一般把家庭用户分为宽带用户、窄带用户、非互联网用户。从中可以确定，宽带用户是导入期最有条件接受 IPTV 的用户。

但这只是标准之一，仅仅这样简单划分，并不能找到对 IPTV 有需求的用户。有需求的用户才是真正属于 IPTV 的核心用户。这就需要在用户类型上加入文化性格特征。

经过多年实践，IPTV 的核心用户可以这样描述：

受过良好教育训练、对文化生活有一定追求、已经成家立业的宽带用户。户主对新技术、新媒体感兴趣并愿意接受，有看电视的需求却又觉得传统电视节目不够丰富、不够细化，有看电视的习惯却常因工作繁忙而错过喜爱的电视节目；户主对家庭生活质量有一定追求，希望能在所在城市中处于引领时尚一族。

如此看来，IPTV 的核心用户应该最容易从 30 岁 – 55 岁的白领上班族中找到。

吸引了核心用户，就可以通过他们的口碑传播影响、带动其他用户。

至于行业用户，党政机关、宾馆酒店、中小学校、烟草企业、证券公司、彩票企业、房地产公司等，各有各的需求，本书不再一一分析。

二、以差异化功能为亮点开展体验式营销

IPTV 与传统电视最大的区别是打破了时间限制，而在导入期最令用户感

IP，颠覆电视？

到新鲜刺激的倒不是点播，而是回看／时移功能。明明直播的频道与家里的电视看着一样，怎么就可以暂停、倒推？怎么还可以重新看昨天播过的节目？这几乎是每个地方推广 IPTV 时最吸引用户的差异化功能。

体验式营销分两种。

1、现场体验

在社区、营业厅经常举办现场演示活动。让顾客在现场可以亲手操作，亲身体验。销售人员应做好相关培训。

2、试用

允许顾客对 IPTV 试用一段时间，并设置相应的鼓励政策。对于真正属于 IPTV 的用户来说，只要用过几次，就很难舍弃。

3、电视演示

在视频上体现 IPTV 的神奇之处，比文字更为直观。不过，还是不如现场体验更好。

三、推广 IPTV 营造时尚生活的理念

既然 IPTV 是全新的电视形态，既然传统电视的用户结构经常受到鄙视，那么，对于那些想看电视又有条件尝试新电视的顾客来说，IPTV 是一个不错的选择。

IPTV 可以请一些专栏作家在报纸上撰写小资情调的文章，可以请时尚明星在电视上代言 IPTV。通过生活价值观念的渲染，引起潜在用户对 IPTV 的向往，并造成不用 IPTV 就 OUT 了的舆论。

四、选定重点市场集中营销

人们的习惯是很难改变的，对于新事物容易摇摆不定。

在 IPTV 的成长期，需要找准重点市场集中火力、集中资源营销，形成压倒性的优势，帮助顾客下决心。然后由点到面，产生影响。

五、针对长尾需求提供细化产品单

到了 IPTV 业务的成熟期，用户规模已经很大，仅靠回看／时移，仅靠热点节目已经不足以留住用户。

这时候需要从收视数据中挖掘出各类用户的需求，细化内容产品的类型，让用户方便选择。

第七章 中国 IPTV 的竞争格局

7.1 同数字电视的竞争

数字电视与 IPTV 是心照不宣的老对手了。数字电视是广电的孩子，而 IPTV 虽然与广电有合作，本质上还是属于电信的孩子。

广电总局每次整顿 IPTV，都会令人产生联想：这是不是又在为数字电视的发展留出时间差？

因此，在中国，发展 IPTV，不能不研究数字电视的产品和业务，不能不分析数字电视的现状和发展趋势。

迄今为止，数字电视在用户覆盖上占有绝对优势。数字电视是在有线网上发展起来的，而有线网几乎渗透家家户户，随着"数字整转"工作的大幅度推进，用户覆盖基础远超 IPTV。2003 年，国家广电总局启动中国有线电视数字化进程，2004 年，数字电视进入了"整体转换"阶段，各地有线网络公司，以免费赠送用户机顶盒的方式，将用户从原有的模拟电视用户转换到数字电视用户。截至 2011 年 6 月底，中国的数字电视用户达到 9948.6 万户，有线数字化程度达到 53.12%（据格兰研究）。

既然如此，为什么当 IPTV 用户还很小的时候，数字电视就如临大敌呢？

原因：数字电视与 IPTV 存在交叉用户。从发展的眼光看，IPTV 会分流和争夺电视屏的用户。

同样的原因，双向改造后的数字电视也会反过来分流 IPTV 的用户。

我们分单向数字电视和双向数字电视来看。

广播电视：

基于单向传输的广播电视有两种：一是频道，二是 NVOD。

频道符合传统电视的"被动观看"习惯，用户结构也与传统电视相似，再加上目前大部分频道（包括自办频道）质量泛泛，更新不及时，所以总体上对 IPTV 影响不大，只有个别高质量的专业频道会同 IPTV 抢夺细分的用户。

NVOD（准点播）是早期的过渡产品，虽然是基于单向传播的，但却试图在一定程度上满足观众主动选择的需要。从实践情况看，NVOD 占用频道资源大，曾经出现的设计形式大都粗糙简陋，用户体验很差，大部分运营商已经废弃不用。按说这种形式会随着双向点播的出现而很快消亡，但从最近的一些迹象来看，PPV（pay per view）产品可能会借助强档大片重新挖掘 NVOD 的价值。国内把 PPV 叫乱了，把点播中的按次付费也囊括了，实际上 PPV 是专指定时约定的按次付费，这就跟电影院一样，买了票，准点观看。所以，如果有最新的独播大片，如果呈现的设计页面刺激付费冲动，基于 NVOD 的 PPV，反而会有吊胃口的效果，与 IPTV 拼上一拼。不过，条件好的强档大片在实际中很难解决，有线运营商也不善于运用，所以暂时难以对 IPTV 形成威胁。随着双向网改造的推进，NVOD 即便有回光返照，生命周期也不会太长。

互动电视：

这是对 IPTV 威胁最大的电视形态。

一是基于有线网双向改造的互动电视，二是基于 NGB（下一代广播电视网）的高清互动电视。

从产品形态看，数字互动电视与 IPTV 长得越来越像。

相同点：都可以随点随播，都可以快进快退暂停，都可以看回看／时移，都支持选时播放和节目搜索，都是通过机顶盒交互。一般用户分不清哪个是数字电视、哪个是 IPTV，分不清背后传输的网络。所以，互动电视的发展，一直受到 IPTV 的警惕，华数在浙江、福建推出的互动电视业务一度对 IPTV 形成较大冲击。

同 IPTV 相比，数字互动电视有如下优势：

1、布线。数字互动一般无须另外布线，几乎家家都通了有线网，加个机顶盒即可。而 IPTV 往往要重新布线，所用明线破坏家庭环境；如果使用无线卡和无线猫，又容易卡片。

2、流畅性。数字互动基于双向交互 HFC 网络，无带宽限制，流畅程度更高。IPTV 有带宽限制，流畅程度视各地运营商提供的带宽资源而定，拥堵时常见卡片、黑场现象。

3、清晰度。到目前为止，数字互动的标清近于 DVD，IPTV 的标清会有边缘重影现象，接近 VCD。

4、同步性。数字互动与信源同步，IPTV 比信源有延时十几秒左右。

5、基本费用。数字互动便宜，IPTV 主打用户层差异，价格略高。具体价格视各地情况而定。

那么，既然有这么多优势，为什么 IPTV 会让数字电视这么紧张？为什么

IPTV 的发展会经常引起地方广电这么大的反弹？

同现有数字互动电视相比，IPTV 目前的优势在于：

1、强势内容。IPTV 上有自己购买版权的好莱坞大片、最新院线、TVB 港剧、韩剧、热播剧、国家地理等。百视通还把 NBA 所有直播赛事收入囊中，在从 2009 年起的四年中，每天最多可提供 14 场高清 NBA 直播，一天的转播比 CCTV5 一周的转播还多。而数字互动电视方面，除了江苏省网等少数有线运营商自买优势版权，普遍存在内容缺口，需要通过合作解决。

2、产品形态。IPTV 在交互方面具有天然优势，对节目的组织形式、呈现形式探索得比较早。数字互动电视总是慢一步，还没有做出"垂直集成，横看电视"的"看吧"形态，没有开发出很好的互动关联形式。

3、市场营销。中国电信、中国联通的规模推广能力非常强，市场营销手段灵活，擅长套餐，擅长捆绑，擅长造势，擅长刺激，这些方面的能力远超大部分有线运营商。电信对 IPTV 的宽带捆绑政策，也抵消了原来的价格劣势，对用户产生了诱惑。大部分数字电视在营销方面还处于学步阶段，虽然贵州省网、天津市网等少数有线运营商做得很好，但规模推广能力还是受到实力的限制。

总体上看，IPTV 目前领先的优势还是在于市场化运营能力，不仅表现在营销方面，也表现在内容产品方面。本来，IPTV 用户结构的特点就比数字互动电视容易把握，百视通、华数等在用户导向的编排策划方面也积累了丰富经验，摸出了一套规律和规则，而大部分数字互动电视则积累尚少，很多人还分不清"愿意看"和"愿意买"的区别。

双向互动电视出现较早，从上世纪末开始，国内就有一些广电运营商开始进行网络的双向化改造，尝试进行交互式业务的运营，但大部分都以失败告终，甚至血本无归。

最初许多有线运营商理解的是狭义双向网，这种网不能支撑多种电信级业务的良好运营，后来大家才转向了更侧重网络上层性能、具备运营级能力的广义双向网。双向改造大规模启动之后，进展很快，但真正开通互动业务的速度远低于有线网双向改造的速度，有网络，缺用户，所以，互动电视在 2010 年之前的实际用户很少。

2010 年，在国务院对三网融合大力推动的影响下，12 个三网融合试点城市加快双向网络改造步伐，截止到 2010 年 9 月底，上海、南京、杭州、哈尔滨、深圳、长沙有线的双向网改覆盖率（双向网覆盖用户数/网络内有线用户

IP，颠覆电视？

数）超过80%。（据格兰研究）

2011年8月25日，在"三网融合中国峰会"上，广电总局科技司有线网络科技处处长韩鹏透露：全国有线电视双向网络覆盖户数已经超过了5000万，其中超过1000万是双向交互用户。

1000万，如果这个数字属实，按道理说，数字互动电视可能即将迎来自己的拐点。因为，这个数字已跟当时全国IPTV的用户总量大致相当。在用户规模相当的情况下，就看谁的产品更有吸引力，谁的业务更有性价比，谁的服务更加到位。

但从实际情况来看，这样说可能有些早，因为数字电视"硬推"的成分更高，用户分散在多家运营商手里，提供的节目质量参差不齐，开通互动业务的运营商并没有在节目、运营上做好足够的准备。

作者在工作了解到，有线运营商对双向业务的主要烦恼是：

1、内容缺口很大。点播与直播相比，有个特点就是海量节目在线，由于之前的节目储备不足，只好向上海文广sitv、华数、天华寻求合作，而合作方式并没有想得很清楚。

2、互动应用取舍难。初上互动平台，什么都想做，有一个省网居然初期规划了四百多个大小应用，这可能会使运营商在杂乱中迷失，冲走IPTV当年的弯路。

3、分包策略不清晰。百视通IPTV是一家提供基本包，多家提供精选包，不同包之间定位清晰。与此不同的是，有些数字互动电视是想直接把多家内容商的大包放上，让多个内容交叉的基本包在同一个平台上竞争，对精选包也是如此。这在一定程度上造成了资源内耗，营销分散。

所以，对于数字互动电视来说，这个拐点会有些滞后，但希望在2012年出现。

对IPTV最具杀伤力的，是基于NGB（下一代广播电视网）传输的高清互动电视。

数字电视整体平移和双向改造的顺利推进，为NGB的发展提供了基础。

2008年12月4日，科技部与广电总局签订了《国家高性能宽带信息网暨中国下一代广播电视网自主创新合作协议书》，共同推动建设（NGB）。

按照设计，NGB的核心传输带宽将超过每秒1千千兆比特、保证每户接入带宽超过每秒40兆比特，可以提供高清晰度电视、数字视音频节目、高速数据接入和话音等"三网融合"的"一站式"服务，使电视机成为最基本、最便捷的信息终端，使宽带互动数字信息消费如同水、电、暖、气等基础性消费一样遍及千家万户。

2011 年 12 月 1 日，NGB 上海示范网 100 万户投入运营。以"高清和实时交互"为主要特征的家庭文化娱乐平台、家庭金融服务平台、互动教育、游戏平台、智能家庭等各类应用服务正在大力建设和推广中。NGB 区域有线通宽带业务已提速为 2M，同时也推出 4M、6M、10M、20M 等多种合作高速宽带产品。并且，还快速完成了 NGB 网络多媒体视频通信业务的技术和运营准备。当时的报道预测，"至明年年初，NGB 示范网用户将新增 100 万户，总数达到 200 万户。"

这次狼真的来了。在 NGB 网络"高宽带、强交互、可管控"的明显优势面前，轮到 IPTV 紧张了。你没有的，人家有；你有的，人家比你强。虽然目前 NGB 高清互动电视的用户数远低于 IPTV，但谁知道 IPTV 的好日子还有多长？时常被卡片、黑场困扰的 IPTV 用户，对 IPTV 高清"想说爱你不容易"的用户，有理由期待基于 NGB 的高清互动电视。

过去，IPTV 在同数字电视竞争时一直强调自己是瞄准高端用户。而现在，真正对得起大电视、好装修的，对得起高端用户的高质量生活要求的，是 NGB 提供的服务。不上不下的 IPTV，将可能被迫退出对高端用户的竞争，转向中端用户。

7.2　同互联网电视的竞争

在所有电视形态中，互联网电视与 IPTV 是最接近的，尤其是在中国。

虽然互联网电视通过公网传输，IPTV 通过电信专网传输，但中国的互联网电视必须遵循牌照准入制，内容只能由指定的牌照方来提供，不能自由链接互联网上的内容。这样，从观众的角度来看，两种电视都以可管控的点播内容为主，很难看出差别。

互联网电视又分两条形态：一种是机顶盒形态，一种是一体机形态。与 IPTV 最相像的是机顶盒形态。

政策对互联网竞争优势的限制：

分析互联网电视与 IPTV 的竞争关系，可能要结合中国分业监管的国情，不能只从产品本身比较，而要结合监管政策来动态地看。

这两种形态的互联网电视的经历都称得上波澜起伏，象过山车一样忽上忽下，从这个过程中可以看出一些很有意思的问题。

IP，颠覆电视？

互联网电视机顶盒出现很早。2007年，21CN正式推出了V-BOX高清下载播放盒，不用通过电脑，直接拨号上网，下载高清节目播放。后来CTO把盒子的技术平台拉了出去，单独成立了公司与21CN、南方传媒合作。但这个盒子未能赶上好时候，受版权资源、资金实力、市场接受能力等因素制约，一直不温不火。

当年冒出了一批山寨盒子，大多以下载网络盗版电影为主。

2008年之后，许多知名的视频网站也纷纷加入了对互联网电视的探索。那段时间，不少业内人士在碰面时都会神秘而兴奋地谈论互联网电视，认为这是杀手锏。

真正实际推动互联网电视发展、并于2009年形成热潮的是电视机厂家。康佳、TCL、长虹等国内彩电巨头不仅推出了芯片内置的互联网电视一体机，而且通过媒体热炒这个概念，并得到工信部在各个场合的大力支持。

当时，业内存在几种心态：

家电厂商希望能通过互联网电视功能，给利润很薄的电视机增添新的卖点，增加附加值。

互联网企业希望能通过互联网电视，占领电视屏，实现跨屏战略。

那个时候，只有IPTV牌照商在一起兴奋的同时，更在暗自担忧，毕竟互联网电视的内容比管控下的IPTV内容更加灵活，更有吸引力。

好景不长，正当业内对这个革命性的电视形态充满想象、激动不已时，一桶冷水泼了下来。

2009年8月14日，国家广电总局正式下发《关于加强以电视机为接收终端的互联网视听节目服务管理有关问题的通知》，通知要求厂商如果通过互联网连接电视机或机顶盒等电子产品，向电视机终端用户提供视听节目服务，应当按照《互联网视听节目服务管理规定》和《互联网等信息网络传播视听节目管理办法》的有关规定，取得"以电视机为接收终端的视听节目集成运营服务"的《信息网络传播视听节目许可证》。

这纸禁令，立刻令相关家电厂家和视频网站慌了手脚，惊呼互联网电视被广电总局掐住了脖子。而心情矛盾的IPTV牌照商则长长地松了一口气。

但工信部似乎并不买账，仅仅过了几天，工信部电子信息司副司长赵波就在2009年8月20日的"中国数字电视产业高峰论坛"上表态：工信部鼓励企业研发数字电视一体机，互联网电视，以丰富终端产品繁荣消费市场。

8月21日下午。中国电子视像行业协会正式代表中国彩电企业，向广电总局局上书，力挺互联网电视。

一场空前激烈的利益博弈在广电总局和工信部之间展开了。

面对一片质疑，广电总局坚守一定之规，对外传递这样一个声音：总局并未封杀互联网电视，而是把互联网电视纳入管理中发展。

经过反复博弈，反复协商，广电总局于 2010 年 3 月底、4 月初，分别向 CNTV、上海文广、华数颁发了第一批互联网电视集成牌照。自此，互联网电视在经历了短暂风波之后，终于迈出了坚实而关键的一步。

此后，广电总局加快牌照颁发速度。又先后向南方传媒、中国国际广电电台、湖南广电、中央人民广播电台颁发了互联网电视集成牌照。

目前，这七家牌照商的互联网电视平台均已通过广电总局验收。

广电总局 2009 年的通知没有明确针对机顶盒形态，业内对此的理解也认为是针对互联网电视一体机。通知下发后，本想在一体机大有作为的视频网站低调转向盒子，原来的机顶盒厂家也纷纷收敛，各自在灰色地带中曲线求发展。

2011 年 07 月 8 日，乐视 TV 高调推出云视频超清机，在青岛的第十届中国国际消费电子博览会上亮相。此后，在各大家电卖场到处可见乐视 TV 的地贴广告。

不知是一些网站的高调引起了注意，还是广电总局早有打算。该来的终于来了。

2011 年 7 月 14 日，北京广电发布《关于严禁擅自设立互联网电视集成平台和非法生产销售互联网电视机顶盒的通知》。

2011 年 10 月 28 日，广电总局下发《持有互联网电视牌照机构运营管理要求》（广办发网字 ［2011］ 181 号）文件，正式将互联网电视机顶盒，即网络高清播放机终端产品，纳入互联网电视一体机的管理范围。文件明确规定："互联网电视内容服务平台只能接入到总局批准设立的互联网电视集成平台上"，同时，"内容服务平台不能与设立在公共互联网上的网站进行相互链接"。文件还要求互联网电视机顶盒"应在'三网融合'试点地区有计划地投放，不得擅自扩大机顶盒产品投放的地域范围。"

这一下，互联网电视已经名不副实了，不再是 2009 年大家所期待的互联网电视，想通过机顶盒占领电视屏的视频网站叫苦不迭，而 IPTV 牌照商和互联网电视牌照商又都松了一口气。广电总局并不是叫停互联网电视机顶盒形态，而是叫停不听话的外人，对体系内的自己人还是支持发展的。

IP，颠覆电视？

回头再看前面的问题，互联网电视能否对 IPTV 产生冲击？这从广电总局对互联网电视的两次严厉监管来看，已经很明了：**关键看互联网电视由谁来做。如果互联网电视被视频网站占领了，那么 IPTV 就很危险；如果互联网电视还是被广电企业控制，那么 IPTV、数字电视都还有保护期或缓冲期。**总局的态度还是给广电企业的发展留出时间差，至于内部的矛盾由内部协调。

互联网电视在运营上准备不足：

181 号令公布不久，广电总局的本意再次得到证实。

2011 年 12 月 13 日，百视通联合迈乐数码、杰科电子、SVA 上广电、创维、海尔、海信、三星、联想、索尼、RealTech 瑞昱、Amlogic 晶晨半导体、苏宁电器、淘宝等 20 多家知名企业，在互联网电视机顶盒产业合作发展论坛上发出联合倡议，加强互联网电视机顶盒的内容版权管理，共同创建新模式，构筑开放、共赢的互联网电视产业链。会议透露，百视通明年将在上海推出 100 万台高清互联网电视机顶盒，3 年后这个数字在全国将超过 1000 万台。

刚过一周，12 月 20 日，华数也邀请互联网电视生产厂家、芯片厂商，举行了互联网电视机顶盒产业发展合作会。华数向产业链所有的合作伙伴发出呼吁：一个巨大的产业市场已经启动，我们所要做的就是"聚合聚合再聚合、规模规模再规模"。

于是，不少与三网融合相关的从业人员又激动了。有人认为，互联网电视的春天到来了，IPTV 的历史使命即将结束；有人认为广电的牌照商将摆脱电信，甩开膀子自己干；有人则为牌照商如何在 IPTV 和互联网电视之间左右互搏而困惑。

其实，牌照商和支持者都不需要太过激动。从实际情况来看，牌照商如果缺了运营商支撑，也就缺了稳定、成规模的销售体系、服务体系、运营体系、收费体系，有一大堆实操问题需要正视，短期内很难靠自己解决。若不找运营商，其他合作伙伴只能分别提供单一支撑；若还找运营商，商务谈判的控制权照旧。

电信的人士则冷眼旁观，因为只有他们才知道电信为 IPTV 补贴了多少，他们不相信互联网电视仅靠内容就可以挣钱撑下去。

不论 IPTV，还是互联网电视，其从业人员都应该明白：没有政策支持是不行的，仅靠政策保护是不够的。

互联网电视市场接受度的优劣势：

互联网电视最大的优势就是顾客购买方便，使用门槛低，靠自己就可以操作。IPTV 需要顾客先到电信营业厅缴费开户，由电信配好号，再约好时间等电信工作人员上门安装调试，比较麻烦。互联网电视则省事多了，买回家，接好线，用遥控器选择一下即可。

从内容组织来看，互联网电视与 IPTV 相差不大，都以影视点播为主，对于同时掌握两张牌照的广电企业来说尤其如此。虽然广电 181 号令对互联网电视暂时没有放开直播，但电视本身就可以通过有线看开路频道的直播，所以，直播不会成为互联网电视的问题。

但在一定时期内，互联网电视即使销量上去了，使用率也可能不如 IPTV，出现买回家却很少用、甚至不用的情况。用户培育的路还很长。

首先是顾客购买心理的问题。

从市场接受程度来看，一体机和机顶盒的情况不太一样。一体机在舆论中炒得很热，但在卖场中反应一般。大部分顾客是冲着电视机本身的观看性能去买的，关心图像是否清晰，关心品牌是否靠谱，关心屏幕大小是否气派或是否合适。至于对互联网电视的功能，大部分顾客只当成附加功能，在电视质量满意的前提下，有当好，没有也无所谓。2010 年五一放假期间，作者到苏宁电器卖场发现了这样一个情况：不是互联网电视的同方 32 吋 LED，标价 4000 元，卖得不错；而 LCD 的互联网电视，3999 元，却卖不动。在其他厂商的电视中，凡是 LED 的互联网电视就好卖，凡是 LCD 的互联网电视就不好卖，看来顾客主要还是冲着 LED 去买的。在这种心理主导下，很容易买了不用或少用。对目前的机顶盒产品，用户主要关心服务有无保障、价格是否合适、能否看到最新的大片，所以，在都缺少服务保障的情况下，山寨盒子反而更有竞争力。

其次是用户使用习惯的问题。

多数传统用户在潜意识里只把看电视就当成看频道，习惯于开机后自然而然找频道，很少想到先进一个新区域。IPTV 开机后默认的就是 IPTV 门户首页，用户可以顺其自然地点进点播区；而互联网电视则需要通过遥控器选择才能找到互联网电视点播区，所以，传统用户在一开始会对互联网电视专区会产生使用距离，不习惯常用。这样看来，互联网电视能否发现、找准属于自己的用户很关键，否则，这个功能就成了摆设。

互联网电视虽然还不成熟，但与生俱来的优势会分流 IPTV 用户。一些顾客会觉得，我已经买了互联网电视，为什么还要再去装 IPTV？所以，互联网电视即便暂时做不大，不代表不会拖 IPTV 后腿。

IP，颠覆电视？

而对于不需要新买电视的用户来说，在互联网电视成熟起来之前，IPTV仍然是一个较好的选择，无论节目还是服务都会有一个庞大体系的支撑。

综合各方面因素，互联网电视和 IPTV 仍会在政策框架下并行发展一段时间。

7.3 同直播星的竞争

2011 年，直播星的亮度在广电领域突然加大。

广电总局的一系列高调举动，令"直播星"重返人们的视野。更有评论称，"直播星公共服务将撬动数千亿产业链"。

2006 年 10 月 29 日，我国第一颗直播卫星"鑫诺二号"发射升空，但因太阳能主电池板未能打开，能量不足导致失效，无法为地面提供服务。

2008 年 6 月 9 日，"中星 9 号"成功进入太空，开启了中国的直播卫星时代。

根据《中国广播电视直播卫星"村村通"系统技术体制白皮书》，中国广播电视直播卫星"村村通"系统旨在采用直播卫星技术扩大我国农村地区广播电视覆盖，解决全国已通电但广播电视不通达的 20 户以上自然村收听收看广播电视节目的问题，是一个公益性节目平台。一期直播卫星"村村通"系统具备最多播出 48 套标准清晰度数字电视节目、48 套立体声广播节目和数据广播业务的能力。当时采用清流不加密方式传输，提供 45 套电视节目。2008 年 12 月，广电总局进行了"村村通"一期招标，共招标 369.8 万套接收设备。2009 年 10 月，二期招标 865 万套设备。

直播星的启动，也让地下黑盒子市场嗅到了商机，一时间暗流涌动，冲击合法电视运营。

2009 年 12 月 27 日，广电总局下发《关于对第一批直播卫星村村通机顶盒进行软件升级工作的通知》，对第一批招标采购的直播卫星机顶盒进行空中升级软件和相应调整播出前端部分参数。2010 年 1 月 4 日，中星 9 号发送加密信号；1 月 27 日，第二次加密。此后，针对黑盒子的加密与破解之战又反复了多次，但地下市场屡禁不止，愈挫愈大。

2011 年 9 月 4 日，中宣部和广电总局在宁夏举办了全国直播卫星公共服务试点工作现场经验交流会。会议总结了新研发机顶盒的六大功能：一是免费接收 25 套卫星电视节目，二是免费接收 17 套卫星广播节目，三是可以免费接收本地地面数字电视，四是具有接收应急广播功能，五是具有电话功能，六是具有数据广播功能。会议公布了我国直播星的宏伟目标："力争 2011 年完成 1000 万户，2012 年达到 5000 万户，2013 年达到 1 亿户，2014 年达到 1.5 亿户，2015 年实现全覆盖、做到户户通。"

2011 年 10 月 11 日，广电总局宣布正式成立广播电视卫星直播管理中心。

从表面上看，直播星的业务形态与 IPTV 差别较大，但综合市场需求和行业竞争态势，仍会对 IPTV 造成一定影响。这主要表现在：

1、**广电直播星抢占农村市场。**从战略上看，广大农村文化生活贫乏，很多地方没有条件看到有线电视，存在大量盲村，在城市市场越来越拥挤的情况下，农村提供了一个具有很大开发潜力的巨大市场。IPTV 本来是有优势圈占农村市场的，党员建设、远程教育等项目就主要瞄准广大农村地区，但直播星的高举高打却打乱了 IPTV 的计划，制约了 IPTV 的发展空间。按照广电总局的规划，为了避免与有线电视直接冲突，直播星是指定区域，主打农村市场的；而直播星的定位又是公共服务，会获得政府的一定补贴，在一些地方会以送盒子的形式进行。这就使直播星在农村有了强覆盖的优势，比 IPTV 更令农民容易接受。不过，也正因为实行补贴，具体推广部门缺少利益驱动，直播星推广的实际效果还有待观察。

2、**地下市场分流电视的游移用户。**对于相当一部分用户而言，最关注的是电视节目的好坏，而不是电视节目的表现形态，这些用户也是 IPTV 与传统电视、数字电视的交叉用户，一直处于摇摆状态。对这些用户最有诱惑力的，不是合法直播星业务，而是被直播星带起来的地下锅、地下盒子。地下市场的兴旺，恰恰说明我国观众确实存在着对好电视节目的渴求。据中广互联 CEO 曾会明提供的情况，加上中星 6B 等"大锅"，业界预计"黑盒子"数量在 1.3 亿以上，"黑盒子"可以免费收看四十多套甚至更多的节目。从常见的传单看，很多地下锅的信号来源广泛，可以提供境内看不到的节目，这对用户有着很大的吸引力。

3、**航天直播星有蚕食可能。**航天数字传媒有限公司（原直播星数字信息技术有限公司）是由中国卫星通信集团有限公司、上海东方传媒集团和中国华录集团有限公司于 2009 年 12 月 1 日共同出资挂牌成立。目前推出了数字农家书屋、卫星影院、行业应用等产品，与 IPTV 有少量交叉。不过，由于处在广电直播星、数字电视、IPTV、互联网电视的夹缝之中，加上缺少行业主管部门的支撑，该公司尚未形成市场扩张能力，其发展还看自身的后续调整。

7.4　同网络视频的竞争

在本节，网络视频是专指基于 PC 端的互联网视频形态。一些视频网站对电视终端业务的探索，已经在上一节"与互联网电视的竞争"中体现，至于他们在移动终端上的探索与本书主题无关，暂不涉及。

网络视频与 IPTV 应用场景的区别：

从多年前开始，很多人就经常用网络视频的繁荣来打击 IPTV 的发展前景，但实际结果却是各自壮大。这牵扯到对用户、运营、市场的综合把握，不能简单下判断。

有些人说，既然视频网站可以免费看盗版电影，那么老百姓为什么要花钱去装 IPTV 呀？但事实偏偏相反：如果花钱才能看到视频网站、网络电视，那么这些网站恐怕早关门了，即便只对特定节目收费，效果也不好；而 IPTV 恰恰不存在这个问题，每年缴费开户的用户都翻番，到 2011 年 7 月底已经有 1000 多万家庭花钱成为 IPTV 的用户，而且，其中一部分用户还对特定的节目再次付费。如果算单个用户贡献的 ARPU 值，IPTV 远超视频网站。

有些人说，现在看电视的人急剧下降，大家都去上网看了，以后电视会被网站替代。那就奇怪了，为什么 IPTV 的用户规模不仅没有萎缩，反而以每年增长 100% 的速度迅速扩大呢？为什么有线电视的用户数量从 2005 年的 12569 万增长到 2011 年中的 18730 万呢？拿一个不靠谱的开机率变化简单比较，只能自欺欺人，产生泡沫。

其实，只要跳出"不是你死就是我活"的思维去人为制造对立，是可以客观把握二者关系的，并可以在竞合中谋求共同发展。

人为制造对立，其实就是简单把用户车裂。这是一种完全理论化的分析，脱离实际。

IPTV 与网络视频的用户群各有侧重，但存在着交叉，对于交叉部分而言，主要在应用场景中体现不同的兴趣特点和使用习惯。也就是说，对于相当一部分用户而言，并不是看了网站就不看电视，也不是看了电视就不看网站，而是同一个人既看电视也看网站，是在不同的时间段或不同的场景中分别看电视、看网站。

所以，把握 IPTV 和网络视频的竞争，最大的关键在于应用场景分析。

1、网络视频的用户是个人用户，IPTV 的用户是家庭用户。

2、网络视频的观看方式是前倾，离屏幕很近，容易专注，但时间长了容易疲劳和烦躁；IPTV 的观看方式是后仰，离屏幕有三米左右的距离，状态放松，适合累了一天在沙发上休闲。

3、网络视频基本是个人观看，内容选择具有个性化、隐秘性、多选择的特点，一般排斥其他人同看；IPTV 适合与家人一起观看，即便个人观看，但场景不排斥多人，内容选择侧重共同兴趣，排斥私密性，尤其一些镜头不适宜当着孩子的面播放。

4、网络视频可以在上班时间插空看，可以在缩小窗口后边发微薄边观看；IPTV 不能上班时间看，不能同时观看其他节目，但可以走来走去做别的事情。

5、基于 PC 的网络视频使用键盘，操作灵活，便于网民跟着视频发评论，基于电视机的 IPTV 用户暂时只能使用遥控器，操作受限，不方便用参与评论。

6、看网络视频的人习惯在网上互动，不喜欢现场有别人干扰；看 IPTV 的喜欢与身边的人闲话节目引发的话题，不习惯到电视上互动。

由此看来，网络视频与 IPTV 并不是对立的关系，不会一个替代另一个，而是互补的关系。

网络视频与 IPTV 对交叉用户的争夺：

但网络视频与 IPTV 确实存在竞争关系。这个竞争恰恰是对交叉用户的争夺。至于那些不重叠的用户，该不看电视的怎么也不会常看，该不上网的怎么也不会常上，生拉硬拽只会浪费资源，令目标用户迷失。

争夺交叉用户也有两个方面，一是把摇摆不定的用户分流过来；二是争取用户的使用时长和使用频率。

对于网络视频来说，最容易从 IPTV 争取过来的用户，一是没有成家的单身用户或自己居住的"准单身"用户，二是没有孩子的两口之家。对这部分人来说，如果网络视频的内容更能满足他们，视频流畅度不低于 IPTV，很容易多用或只用网络视频。所以，网络视频应多向这些用户提供他们在电视上看不到的内容。而 IPTV 则应细分这部分用户的需求，在自己的长尾平台上把相关节目补足做好。

对于 IPTV 来说，最容易从网络视频争取过来的用户是已经成家的、有孩子的用户，或与老人住在一起的用户，简单说，就是在三口之家和五口之家挑大梁的用户。在这部分用户中，有两种相反的都容易被吸引过来，一是上班时间天天对着电脑的已婚人士，他们厌倦了上班时间的电脑控制，希望回到家轻松一下；二是天天在外面跑来跑去，喜欢健康生活的用户，他们虽然没有被网络内容灌得反胃，但也不喜欢用电脑。IPTV应该拿出主要资源把这部分核心用户拴紧，使他们不需要上网即可满足。网络视频无法把这部分用户彻底拉过来，但可以通过内容选择的贴近和界面友好性、易用性的优化，尽可能多争取他们的时间，毕竟这些用户的广告价值很大。

要吸引用户，留住用户，内容产品和市场营销都很重要，应从目标和实际出发适度而有效地结合。

内容产品也是个综合体，既不能只注重内容而忽视呈现形式、组织形式和呈现质量，也不能只注重呈现形式、组织形式和呈现质量而忽视内容选择。但在这两面，网站视频和IPTV是各有所长的，都应该扬长避短。比如，看电影电视剧，天生就是在电视上看比在电脑上看更舒服，更清晰，网络视频在这方面很难胜出，更应在内容选择和表现手段的灵活性、创意性上大展拳脚。

视频网站和网络电视目前存在的问题：

不过，从目前的现状看，视频网站和网络电视还有一些问题被自己制造的光环掩盖了。

首先是版权问题。这里说的不仅是盗版问题，也有版权库是否符合战略需要和运营需要的问题。网络视频的盗版问题从诞生那天起，就一直为人诟病，某知名网站还因此影响了上市。

网络视频的盗版分两种，一种是主动盗版，以侥幸心理盗播新片热剧，或者快上快下，或者藏进收费区，或者以搜索链接的形式掩耳盗铃；一种是被动盗版，是因为对版权类别、授权性质、授权期限等版权常识不熟悉所造成的盗版，常见的情况是拿着没有转授权的节目到处去卖，或者拿着互联网信息网络传播权到电视上去播。广电《181号文》对版权使用所做的规定其实不是总局新设的，本来按照中国版权法的细化实践早就如此。由于视频网站这两年才真正重视版权，所以，大部分版权经理是半路出家，对版权常识一知半解，很容易出问题。在这方面，只要IPTV有针对性地注意版权保护，是可以在一定程度上遏制网络视频的。

版权库的合理建设很容易被视频网站和网络电视忽视。很多人都以为，视频网站和网络电视的版权内容已是海量，远比IPTV丰富，其实这是视频网站和网络电视大肆宣传带给人的印象，估计连自己都信了。事实上，在2010年之前，华数、百视通所建立的版权库比网站庞大，只不过他们很少通过互联网宣传而已。直到今天，百视通在NBA赛事和TVB港剧方面的版权，超过任何一家网站，很多人不知道，有些网站是从百视通获得授权的。由于大部分网站是从 2010 年开始真正重视版权，所以，新建的版权库存在以下问题：买了大量垃圾节目，包括已过时的、上游没有转授资格的节目；买了不合适的独家版权，或者独家版权比例过大，比如，某知名网站独家买了某好莱坞大片，而此片在网上看效果大打折扣，加上时间窗口（从院线结束到授权媒体播放的时间）过长，用户大多已看过，所以，不仅无法消化成本，也没有引起普通网民的太大兴趣；版权引进没有计划，大部分版权与战略需要和运营需要产生脱节。

不过，网站也在迅速成熟和进步，上述问题会随着时间的推移解决。

2011 年，视频网站和网络电视台掀起了独播大战，各自确立独播方向：PPS 获 TVB 所有电视剧包含新剧、经典剧和综艺节目的独家版权，独享 TVB 旗下明星艺人线下活动的优先使用权；PPTV 垄断韩国 KBS、MBC 和 SB 未来 3 年的所有新剧；土豆网东京电视台签署 2 年的动画片独播版权，买下《康熙来了》独家网络播放版权。应该说，这次网站的大投入是有水平的，把钱用在了刀刃上，有利于形成自己的竞争优势。这次独播大战是立足于网站之间的竞争，由于这些版权的独播大都限于互联网，IPTV 基本都有，短时间内不会对 IPTV 产生影响。但如果网络视频沿着这个方向走下去，拿到了 IPTV 上拿不到的版权，那么，还是会对 IPTV 产生一定冲击。

其次是编排眼光的问题。大部分视频网站和网络电视都以影视内容为主，但有相当一部分内容主管和编辑对影视并不熟悉，还不如网民中的影视爱好者熟悉，有些主管和编辑是转行过来的，比如，很多总编只熟悉新闻。即便有些网站的内容人员很熟悉影视，但外行的网站领导却特别喜欢对影视发表意见。在这种情况下，影视编排就出现了不到位、不给力的现象，好节目得不到重点推荐，或得不到及时推荐，而一般化的节目却排队分菜地。这也影响到版权引进，花大钱买了不该买的片子，浪费投资人的钱。在这些问题上，华数、百视通稍好些，但后起的 IPTV 牌照商也同样存在，不容忽视。

【简短的结语】

也许，IPTV 只是一个过渡性的产品，但是，IPTV 却是第一个颠覆电视观看方式的媒介形态。正是从 IPTV 开始，互联网电视、智能电视……一切革命性的电视构想纷至沓来，令我们不断刷新对这个家庭娱乐中心的想象。

也许，由于竞争对手的不成熟和自身建立的框架性优势，IPTV 活得要比

IP，颠覆电视？

很多人猜测的要长。这也是目前 IPTV 存在的价值。

也许，总有那么一天，IPTV 的历史使命终将结束，但 IPTV 的激情、IPTV 的悲壮、IPTV 的自省，都将继续鼓励我们前行。我们见证 IPTV，就是见证我们对新媒体世界的探索！

附录1

黎瑞刚北大演讲：颠覆电视

"颠覆电视" 就是颠覆旧的媒体观念和思维模式

黎瑞刚：非常高兴今天能够到北京大学来发表这个演讲，非常感谢刚才徐院长对我的介绍，感谢北京大学给我这个机会让我跟大家分享这段时间以来对电视，尤其面对新媒体如何扩展和发展的思考，北京大学一直是我非常敬仰的学府，我觉得今天在这里和大家一起分享、思考，是我的荣幸，今天我的演讲题目叫《颠覆电视》。

这个题目听上去也许有一些耸人听闻。我的工作，我从复旦大学毕业到现在10年多一点，我是10多年前，那时候从复旦大学毕业的，第一份工作是在上海电视台担任电视的编导，我后面从事了很多工作，一直到现在当总裁，实际上我的职业生涯跟电视密切相关。

今天我所谈的问题是在今天这样特殊的时代，尤其当今技术迅速发展的时代，电视的业态和形态，也在进行着颠覆性的革命，我今天所谈的题目是一个关于数字技术、电视制作播出、应用模式，以及观众对于电视消费方式的这么一次变革性的话题。

我想在座的我们对传统的电视，或者我们今天所能看到的电视是了解的，对电视行业制作运营的基本规律也是了解的，但是今天的电视行业究竟在发生着什么样的变化？未来电视的业态会发生着什么样的变化？我一直在思考。

谈这个话题我觉得有必要我们做点儿回顾，拿到这里来说，其实大家说这个题目是一个比较耸人听闻的题目，但事实上我是希望通过这个题目来反思，乃至颠覆一种我们习以为常电视的固有的思维模式，大家来一次头脑激荡、头脑风暴。

旧的电视观众是"沙发上的土豆"看电视是集体的狂欢

电视是什么？传统的电视是什么？或者我们今天所熟悉的电视是什么？

电视是如何发展到今天的？电视改变着影响着我们的哪些方面？我觉得所有罗列的东西大家非常熟悉，西方传播学者，研究媒介的学者说，把观众称之为"沙发上的土豆"，觉得电视观众就是坐在沙发上拿着遥控器，看着方盒子里展现的五颜六色的电视画面，观众被电视的画面激动、感染，观众没有太多的思想，电视播什么看什么，让他哭就哭，让他笑他就笑，没有太大的思考，是我们传播效应下的一个土豆。是以往观众的印象。

对中国来说电视是什么？我这里提了一个"向阳院"，在座的我们很多同学你们是80年代出生的，不知道有没有听过这个说法？我童年时代，我在上海，那时候上海都是弄堂、里弄，都有向阳院，向阳院最让我们欢欣鼓舞的是一个电视机，每到周末的时候，我们说理论的干部们，他会把一个布架子搬到弄堂里面，所有弄堂里的家家户户，每人搬个小板凳，早早地聚集在那里看电视，就像我们农村看露天电影一样，这个是我觉得中国人对电视早期的集体记忆。看电视和看电影是一种集体的狂欢、视觉的享受，那个时候看电影是非常奢侈的东西。

全世界来说电视是从二战以后开始发展起来的，中国的电视真正的发展也是改革开放以后，尤其是近20年的迅速发展，就是这些概念在短短的20多年里，电视发生了多大的变化？当年的黑白电视、后来出现了彩色电视，最早黑白电视家里要把它变成彩色，怎么做呢？家里弄一个塑料薄膜，按在黑白电视上面，黑白电视就会显示出一些彩色，后来出现了一些彩电，现在价格便宜下来了，后来出现了很多品种，直角、平面、液晶、等离子，高新电视，欣赏非常清晰的电视画面。

新媒体的涌现使电视的内涵发生变化

电视技术还在发生很多的变化，传统的电视、模拟信号的播出，资源是非常浪费的，模拟电视是传统的播出模式，后来出现了卫星电视，可以覆盖遥远的国土，可以覆盖山区这些地方，城市里面解决高楼之间反射屏蔽的问题，后来用光缆电视来做，有了模拟这些信号以后，又在进行数字电视，数字的无线，数字的卫星、有线等等，最后在论证我们国家目前数字电视的标准，这会带动一个巨大的电视产业。

当这些在电视行业内部产生巨大变化的同时，我们又出现了互联网，出现了手机无线通道，宽频网络电视，我们以前说网络上看电视非常拥堵，信号不流畅，但是我们现在有了P2P，有了这个技术以后可以通过电脑看电视，还有 IPTV，公交车里的移动电视，手机电视，通过手机手持终端，个人手持的电脑也可以传输电视画面，电视的形态、业态技术也在发生很大的变化，电视的内涵也在发生着很大的变化。

最早的电视是播新闻、播信息的，有的新闻被拉长变成了专题，赛事也是推动电视非常重要的手段，电视业的革命往往是跟重大政治事件、战争分不开的，每一次革命都会带来电视业的发展，大家知道海湾战争造就了 CMN，美国还有一个电视频道，这些突发事件都会使一个媒体爆发起来，体育赛事也是非常重要的。

我们今天说如果没有电视这样一个媒体，奥运会将是什么？奥运会仅仅将会成为一个国家，甚至仅仅是一个城市享受体育的赛事，因为有了电视，让全球人在不同时空里共同分享，电视把奥运会变成全世界的盛会，全世界的节日。德国举行世界杯，时区不一样，但是在全世界任何地方都可以看到，这就是电视的魅力、威力。娱乐也是它本质的所在，综艺节目、电视剧等等，传递真实的事件的纪录片也成为电视很好的业态。MTV 也是一样，音乐可以变成可视的，所有的感官都被调动起来，MTV 这些形式。

到了这两年全球范围内出现了"真人秀"，所以电视在这些年中间，二次世界大战以后到现在真的是发生了很多的变化，这个变化就在我们身边，你不看这个你不会注意到这个电视机已经发生了那么多的变化，事实上电视改变了什么？影响了什么？实际上改变和影响了很多，我们说电视改变和影响了商业，广告营销是一个非常典型的案例，今天来说有很多媒体，新兴的媒体，互联网、手机都在不断地抢占这个市场，甚至户外媒体，但是无论如何，今天我要讲《颠覆电视》，但是到目前为止，电视仍然是一个传播效率、广告效率最为巨大的媒体，这是任何一个广告经营者无法否认的事实，所以电视对于商业的影响很大。

再举个例子来说，购物电视本质上不是电视媒体行业，本质商来说是商业零售行业，是借助了电视的推广平台，激发消费者消费欲望，达成最后的购买。很多种消费形态中间，我们有报纸上的，也有广播、电视中间的，但是电视购物，全球范围内依然在增长，电视也影响着我们的正常生活。总统的选举，民主党和共和党竞选总统，站在电视直播的现场，两人进行一场娱乐的 PK，谈各种观点，主持人回答问题，一个政治的选举，变成了带有某种电视传播意义的这样一种，甚至带有一定娱乐因素，因为演讲者和候选人讲一些幽默笑话，这些都是电视的娱乐因素，但是进入到了生活。

IP，颠覆电视？

电视也有娱乐，大家知道 NBA 之前的篮球赛是什么样的？大家知道前些年的篮球赛是上下半场，到了美国 NBA 以后，出现了个经营者，他叫大卫思特恩，他来经营美国的篮球协会，他就提出用市场化、商业化的手段改变我们传统的赛事，这个案例已经成为商学院的经典案例，其中有一个方面，篮球的上下半场两场，在 NBA 里面变成了四节，一二三四，四节，有一些电视从业经验的同学会知道，四节的话，一头一尾我们称之为两刀时段，一头一尾两刀，中间三刀，变成了五刀广告，可以中间插五次广告，电视里面在播广告，非常漂亮的啦啦队在身边欢呼，做一些小游戏，把全场的气氛调动起来，电视在播广告，这个广告带动了美国 NBA 产业化的运作，电视帮助它实现了财务的运作。

事实上我举这三个例子大家可以看出来，电视影响着每个人的生活，如果你的生活中间失去了什么，你生活变成了什么，如果失去了电视，想想会怎么样，是值得思考的问题，接下来的问题产生了，你说电视这么强大，这么威力无比，怎么可能被颠覆掉呢？这么强大的媒体怎么可能被我们所颠覆掉呢？

电视老龄化倾向严重　年轻受众正流向新媒体

我想谈这个问题之前，大家把思维跳开电视，看看电视以外的这个行业，或者说看看我们电视周边的行业在干什么？我们这些电视每天在做节目，但是我们周边发生了什么变化，这个变化怎么会潜移默化地影响着我们电视行业的从业者，我们的思考，有些数据是非常有意思的，跟大家一起来分享，大家可以看到这样一些数据。

IC，现在发展的情况是什么情况呢？是芯片，它能容纳的晶体管的数量每 18 个月增长一倍，意味着在单位面积上，会成倍增长，这个芯片还是单位面积又回到原来，网络的资源机制与互联网的入户数的平方成正比，就是说互联网跟我们传统电视的区别在哪儿？电视从一点到多点，就像我今天做演讲，我一个人讲，你们所有人听，我们称之为广播式的，而互联网内容是点对点的，是交互式的。这种交互关系所产生的价值是平方的，甚至超过平方，所以这种曲线是呈跳跃式，这就是互联网的价值。光纤大家都知道传输信号，这个介质，单波的带宽每 18 个月增长一次，有线的是有线光圈，无线的是无线的传输，带宽是每三年增加一次，每年成本减半，但是带宽传输能力增加了，我们要关注着另外一个行业，音频、音频能力的产业，也就是所说的信号行业，信息产业，这个信息产业，正在影响着我们今天很多的变化。

我们来看一些数据，我再回过头再来印证刚才所说的数据，全球范围内互联网的用户数到去年年底超过了 10 亿，大概今年已经增加了，宽带用户 7 亿，移动电话用户数 23.6 亿，中国的情况，截止到 2006 年 6 月 30 号，我们互联网用户数是 1.23 亿，宽带 7700 万，移动电话用户 4.26 亿，在线游戏用户是将近 3000 万，经济上的数字更令我们思考，我们可以看到去年中国 移动数据业务的收入将近五百万，比前一年增加 58.6%，中国 联通的增值业务达到 119.6 亿元，除了我们语音业务之外的短信、彩信以外，包括彩铃等等这些业务，都是属于增值业务，这个业务就是这么大的收入。

看看固定电信运营商，五大运营商，包括中国电信、中国 网通在一起，05 年的收入达到 1 千亿，整个电信行业完成收入是 5799 亿，这个看到的公开数据，我们再来看看我们所在的媒体行业的侵略，媒体行业 2005 年广播和电视加在一起广告收入 458.63 亿，整个广电行业收入 888.76 亿，包括有线网络，加在一起这么多收入。

现在全中国电视频道，差不多两千多个电视频道，成千上万的像我这样的辛辛苦苦的电视工作者，又是超女，又是《我型我秀》，折腾了一年就这点收入，但是人家短信发发，彩信收收就赚了那么多钱，这个问题是很多电视人应该思考的问题。

所以更值得往深走一步看，我们只要看更细化的分析，这个里面大家可以看到的问题是，一些数据显示，电视观众正在分流到其他新媒体，尤其年轻一代更为明显，今天的电视主流观众是 45 岁以上，电视老龄化的倾向是非常非常明显的，年轻的受众去了哪里？去了各种各样的娱乐场所，去了在线游戏，去了互联网的各种各样的网站中间去。

新媒体正在挑战传统广播电视的市场

所以你们会注意到这里，网民的年轻化程度是 18 岁到 35 岁，年轻的受众正在分流，观看时长也非常有意思，我们的观众大概每天看电视的时间是 3 个小时左右，互联网发展到现在，从最早的互联网的这个阶段，我们当时用最简单的上网模式，拨号上网模式走到现在宽带上网，短短的十年工夫，我们的网民一天已经上网两个多小时，这个数字说明一个东西，就是黏性，无论是任何一种媒体，创作价值是黏性，只有你的眼球被这种媒体所吸附，这种黏性才会创作一种价值，互联网如果有这种黏性就会创造互联网的价值，我们注意到新媒体强势的地方，短短十年的发展，已经能够吸附我们主流用户群两个多小时的黏性。

男女的比例也好，市场的购买力情况也好，我们都会发现新媒体正在挑战我们传统广播电视的市场。所以我想，概括上面的种种数据，我们也许可以下这样一种定论，就是说今天来说，数字技术，网络技术、信息技术正在改变着媒体的格局，这种格局是出现了一种新的现象，首先我们要关注到这种技术的发展，和产业变化的特点，我个人直接的感受，我认为一个是加速度，二是颠覆性，什么叫加速度，因为网络信息技术的出现，今天所有的变局，以及技术所产生的应用、变化的程度，速度大大提升，人类知识的累积，以及累积以后所产生的效应，这个技术的成果、应用，也许超过了人类历史上几个世纪所带来的发展，这种加速度的效应会越来越快，更新的速度会越来越快，这种更新的同时还出现了一个特点是颠覆性，后面一种应用对前面一种应用是颠覆。

新技术的变革会对媒体产业产生"颠覆"性的影响

我这里可以举一些例子，我想在座的也许很少有人，一定有人，但是少，还在买唱片来听音乐，现在大部分我们的年轻的听众，都是 MP3，网络下载来听音乐，就是因为数字技术、网络技术、信息技术的出现颠覆了传统的唱片工业，录音棚录完了以后，压盘，通过分销渠道卖到用户手里，今天出现了盗版，整个技术的业态发生了一种变化，同样面临的问题，也许在未来也许是电影工业，今天的电影工业还是一个胶片为传输，随着新技术的发展，摄像机已经能够接近甚至在今后能够超过胶片感光的效果，所有的拍摄完成之后是数据，所有的后期技术、音效，所有的都是在数据中间进行合成，做完之后这个电影的成品也不是一个拷贝，我们看到的胶片的拷贝。

所有完成之后是一个数据，这对数据通过卫星，全球的院线可以从卫星上把密码解开，全球放映，真正全球同一天放映，从理论上来说，如果说压缩技术非常理想，传输技术没有损失的话，应该说电影拍摄那时候所有的声画效果完全能够在现场呈现出来，这种画面的冲击力我相信是非常大的，在这个过程中间，在观众享受到最优质的电影画面的时候，传统的电影工业也许正在面临着颠覆，有多少胶片厂、洗印厂，都会被颠覆掉。

再举一个例子，我在各种场合都讲这个例子，我在这里问，可能很少有人在用柯达胶卷拍照片，我们做电视的，我最有感受了，现在已经很少看到柯达做广告了，现在很少，为什么？没有人用胶片拍了，都是用数码照相机，就是这么一个变化，柯达公司没有关注产业的变化，当时认为数码成像技术，没有我这么好，没想到短短几年的工夫，胶片已经无人问津，更多的数码相机这些产业迅速发展，柯达现在也面临着产业的调整，甚至柯达有一度被美国的证券交易所踢出，这么一个百年老店，因为忽略了新技术的变革所带来的产业的影响，就被市场无形地淘汰了，这是我们的前车之鉴。

所以我认为这种技术的发展变局，无论对于柯达这个的公司，还是对我们电视这样的行业来讲，都不能忽略，忽略了我们就没饭吃，如果抓住了这个机会，你把双刃剑把握好，也许传统电视行业就会获得新生，这是机遇和挑战并存的机会。

我前段时间正好读一篇文章，我很有体会，美国宾希法尼亚大学的教授写的一篇文章，关于电视新媒体出现以后，电视的分销模式发生了很大的变化，他说未来人们不一定非要打开电视机才能收看节目，今后视频内容，仅限于单一时间段，或硬件，将逐渐成为历史，他说之前十年，原来传统看电视的画面，这些内容，原来我们必须在单时间段，你看新闻联播只能七点钟，看中央电视台，必须老老实实地看，未来十年，用不着等到七点钟，走在路上也可以看，我觉得西方学者的研究大家都在共同关注这样的话题。

颠覆了旧的电视媒介模式后　下一代电视是什么？

回过头来说，确确实实我觉得人类历史上的重大的文明演进从来都是颠覆中的创新，刚才我举了很多例子，中间的很多创新，这种三百年前在英国所发生的科技革命、工业革命，到今天加速度颠覆性的特点，在新的技术、消费背景下，也许我用颠覆这个词是非常极端性的说法，为了引起大家的关注、兴奋感，更重要的是我们把握好这把双刃剑如何创新下一代电视，今天的电视是我们所习以为常的电视，下一代电视是什么？关注下一代电视也许是我们新一拨的电视，谈到下一代电视我在这里有一个图，画这个图很难画，在这个图中间不能完全概括今天电视发展的变化，通过这个图可以简单地理一理思路。

我们说新媒体产业是一种跨媒体、跨网络的多平台的运作，有人说是三网融合，也是这样的概念，或者说叫做三重播放，其实都是这样的概念，简单来说，视频信号、音频信号，广播电视这种东西，无非是三种传输的方式，一种是卫星，通过卫星往地面传输信号，还有一种是有线，还有一种是无线，

IP，颠覆电视？

没有信号不是在空气中间通过波传送的，在这几种中间，出现了几种，一个是直播卫星，这个我们现在都有卫星电视，在北京可以看到上海东方卫视，可以看到各地兄弟台的节目，所有的卫星节目都是模拟的，我们国家也即将要推出直播卫星，直播卫星以后上面可以做很多数字卫星的播放，在其他发达国家中间已经非常普遍，在美国有两种公司，这两家公司是最大的两家卫星平台直播卫星运营商。

有线电视大家都理解，你们家里都有有线电视，有线进来的电缆进来以后，通过数字付费的方式就可以有数字电视，终端也是电视机，我们看到了互联网，互联网传送的介质有两种方式，无线的方式和有线的方式，有线的方式你家里的电话线，宽带升级以后就可以传输更多的信号，宽带互联网就可以战胜 IP 电视，IP 电视跟宽频电视不同，IP 电视它的终端最后接收是通过电视，IP 电视可以是桌上电脑，宽带互联网这两种东西，两种东西真正在传输方式上还是有所不同，IP 电视我们说的，宽带网以后是局域网的系统，必须在电信机房里安装我们的服务器，随着用户数到达小区，到达用户的中间还要分成很多服务器，用户看内容、看节目到服务器调取内容，我们电视也是通过宽带的网络传输到电视终端去，这个系统是封闭的局域网系统，宽频网络电视，我们今天说的，看到了这些网站里边，看到了很多宽频电视，不论视频共享也好，直播电视也好，互联网上的大量内容是开放式的，宽频电视是一个封闭网络的系统。

我讲这个东西讲的有些同学没有这个知识背景听起来有些费力，我想稍微展示放一个短片，大家了解一下，IPTV 是什么东西，这个短片是我们在上海销售 IPTV 的时候，在电视里播的一个电视直销的短片，大家先看看，我们再来介绍。

（播放 IPTV 短片）

新电视的应用有很强的互动性

给大家刚才演示了一下 IPTV，也许大家稍微看了一些感觉，其实这里面有一个非常强大的功能，叫做时移，在看直播电视的节目，你可以通过遥控器把你现在正在看的电视节目暂停下来，可以倒回去，要注意当你自己把家里的电视机暂停下来的时候，所有邻居家的电视机是没有被暂停的，看完之后也许你接完电话、跟父母说完话之后你再继续说我要再播放的时候，家里的电视比邻居家的慢，直到追赶到同步就可以自动播放了，刚才说的裁判的动作没看清，可以倒退可以再看一遍。

电视 IPTV 非常相似的功能就像我们是看 DVD，互联网上的很多用户可以来回倒退，改变了我们电视传统的收看方式。再讲讲这个手机，流媒体和 DMB，它的传输方式有两种，一个是通过中国 移动、中国 联通的移动通信网，现在是 2.5G，直到 3G 以后才能流畅地传输信号，这个里面播放的一些视频的画面也许不够流畅，下载以后流媒体还是非常流畅的，DMB 是我们广播，大家听收音机，收音机是音频信号，传统音频信号是一种模拟的信号，当它进行了数字改造以后，会变成 DAB，DAB 变成数字信号的同时，可以加一些数据在里面，传统的我们广播的这种播放方式，可以变成 DMB，都是用广播的方式传输电视信号，手机流媒体通过 3G 网络，点对点蜂窝式的网络传输。

我在这里稍微给大家看一下，这是正常的手机，我们中间就有很多新闻，电视里正在播的新闻。

（演示手机播放的新闻）

这是手机里的画面，讲这个大家可以注意到，今天电视、手机也是一个终端，这个图是费了一些脑筋，下面我们来做一些总结。

大家注意到传输技术、传输手段、传输渠道在刚才的图中越来越多样化，接受的终端也越来越多样化，不光是电视机，手持终端、电脑都可以成为终端，多样化的情况下又产生了新的特性，这些特性值得我们关注，刚才所有的新电视的应用有一种互动性，有很强的互动性，用户可以参与、可以索取内容来看，非常个性化，你现在想看就看，你现在想找什么内容就找什么内容，非常个性化，还有一个问题是好更换。变成一个更大众、更平民的电视应用。

在我们关注电视传输技术发生变化，在关注的电视应用的这些媒体这个设备发生变化的同时，我们也注意到电视的消费方式正在发生很大的变化，广义上来说，大家都知道接受美学这个角度来说，任何一个审美行为都是由一个主体和客体构成的，电视传媒是由传者和受者形成的，传统电视观众对于电视台的影响是非常小的，现在这种境况正在发生着变化，传统的观众，西方人说"沙发里的土豆"，看完电视以后不满意，有些牢骚要发，给电视台写信，给栏目组写信，很多节目建议，希望你们主持人的发型改改，还有一种方式直接打电话给值班室，你这个新闻播错了，我们的观众很可爱，但他们的手段实在太少了。这是传统电视观众的互动。

IP，颠覆电视？

但是当电视变成下一代电视，变成我刚才说的有互联网、有手机用户，多种平台用户，电视更多的形式，短信互动、参与投票，参与电视中间的讨论，对于观点的讨论，多少观众百分比，都会通过互联网上的点击，通过手机短信的表达，观众的意见会在电视屏幕下面滚动出来，观众还要参与电视节目的制作。

海外就有这样的电视剧，播的同时，观众对下一个情节都会发表意见，把自己的爱憎分明通过这种方式表达出来，节目的制作者也可以根据观众的反馈调整节目，变更节目，电视的创作者的思维是跟观众互动的。

新一代电视观众正在崛起　看电视的模式将变得更加自由随意

所以说我认为，我们就进入到一个更深的层次，关注下一代电视，不能仅仅关注电视本身，还要关注下一代电视观众，以及电视观众身上表现出来的消费模式行为模式是非常有意思的。

我认为新一代的电视观众正在崛起，他们正在突破你播我看的这样一种传统的电视模式，传统电视我一个人播，我一个人演讲，我一个人说，大家听，但是现在要充分娱乐自己，我把它概括为，希望在自己方便的时间，IPTV什么时候方便什么时候点开看，或者电视、手机、互联网都可以选择，看完之后还要在上面发表意见，参与电视的互动，这就是新一代电视的观众。

传统电视和今天电视发生了变化，传统电视是什么？是大众传播媒体的一部分，大众传播媒体，只有我是居高临下的电视的运营的控制者，你们都只能洗耳恭听，这是大众传播媒体，以我为中心，今天的是MYTV，这是我的，电视是我的，我要我的地盘我要掌握，这是今天的地盘。

这种电视也许可以深一步的看行为方式，IPTV刚才已经演示了，IPTV有点播功能有时移功能，是解放了你的时间，以往观众看电视，最痛苦是被电视的时间牵着，新闻联播只能七点钟看，IPTV解放你的时间，九点钟回去以后，把七点钟的节目调出来看，昨天播了电视连续剧你没看到，今天晚上有空可以调出来看。这个解放了你的时间，对于现代人来说，最重要的是时间，时间意味着金钱、机会。

所以IPTV帮你解脱了时间，今天有些数字电视之间也有这样的应用，

PVR 和 TIVO，PVR 是什么东西呢？是机顶盒，里面有一个容量非常大的影片，可以达到 80G、60G 的容量，进入到机顶盒的时候，所有的内容都存到这里，你六点钟没看到球赛，已经在你的影片里了，TIVO 是在美国引起很大争议的，把广告全过滤到，电视是靠广告生存的，没有广告电视怎么办？所以TIVO 正在向传统电视发出挑战，手机电视业是解放你的空间，所以说流媒体，都是移动电视、PDA 手机终端，SLING 媒体，比方说你现在想看美国的电视节目，没问题，只要装一个小的硬件，其实在我们现在电脑里面有个插件也有，到了新加坡，把这个小的东西接到电视机上，就可以看到美国本土的电视节目，这个在互联网上也有，下载一个 P2P 的插件也有。

这个是 MP4，（展示 MP4）这是我从网上下载的电视剧《大长今》，图像也都非常清晰。说的是韩语，所以这些我觉得事实上都在改变我们电视的这些业态。

我们从一些数据中间也能发现这些问题，在上海已经推出了 IPTV、手机电视的应用，从用户的点击上发现了一些问题，你会发现 IPTV 的用户中间，70% 的用户是控制自己的时间，手机电视也是一样，你们看到直播只有 14.8，绝大部分用户是用手机下载点播来看，用户需要自主选择的内容。

看电视的方式正在向上网模式靠拢

电视非常有意思的是，今天的电视界面也在发生了变化，传统的电视是什么样？一个电视主持人或者一个电视画面在中间，在左上面有一个电视台的 LOGO，今天的 IPTV，数字有线也好打开来看到的是什么东西，是 EPG，是一个电子收视指南，你要用这个遥控器去点到这里面去找到你的频道，播放进去，这个时候大家注意一个问题，你那个时候，你的摇控器是不是有点像电脑的鼠标，你是用你在上电脑、上网络的体验在看电视。

看电视的方式已经跟电脑很相象了，今天的电视开机画面是这样的，下一步电视画面是这样的，打开是百度，大家搜索找内容看，会不会是这样呢？我现在不知道，我们拭目以待，何况现在摇控器也在变化，现在摇控器越来越像鼠标，在我前一次在中央台的台长论坛上谈到下一代电视的时候，我还说拭目以待，短短一个月的时间，在我上网的时间，我发现一个网站，英国的一个网站 CBLINKX，打开的是电视墙，每个电视墙都在一个画面，当你的鼠标移动到这个画面的时候，画面会放大，点击进去就可以看到内容，未来的电视会变成这样，喜欢不喜欢，不知道，要让用户选择。

由精英主导的电视话语权正在流失 观众开始参与创作

谈完这些以后，我们在各种层面关注电视的很多变化，但是我今天所关注的是我这个台长我在这种变化面前，我会怎么办？我很关心的问题是我的运营主导权会不会发生变化？今天的电视是被一批精英阶层所掌握了，他们中间包括台长、编导、主持人，他们掌握着电视的威力巨大的话语权，面对着这种互动性，个性化的电视越来越发展，这种主导权会不会悄悄流失，我认为会发生。

我在这里举个例子，观众以前是什么？是沙发里的土豆，安静地看电视，今天欲望被调动起来，电视正在改变着我们传统的生产模式，传统的模式是你制作我看，观众现在变成了一个创作，在美国有美国偶像，在中国有《我型我秀》、梦想中国，这类节目是电视台做的吗？没错，但是我们更深层次，是电视台和观众共同创作的，所诞生的那些偶像，并不是电视台一味单向创造的，是观众和电视台共同创造的，电视台把这个包装起来，变成了一个全民族的娱乐的狂欢，电视的这种形态在发生着很大的变化，观众怎么来参与呢？它有很多方式，有手机短信投票，这是最简单的观众参与方式，看完电视以后还可以上官方网 BBS 参与讨论，可以上网络社区交友，还有刚才所说的互动电视剧可以把这些观点参与，创造一种观众和编剧互动的电视剧，观众看电视的方式也在变化。

新媒体让观众的互动、参与意识以及自主性越来越强

不知道今天的观众在家里是怎么看电视？我在自己的家里，朋友的家里我是观察过一些看电视的状态，今天观众看新闻的时候还是躺在沙发上非常放松地看电视，但是在看真人秀的节目的时候，不是躺着看，是前倾着看，因为他要关注，他要发短信，他要参与进去，全新的姿态是什么时候产生的？电脑是前倾的，电视是后仰的，今天的电视让观众从后仰的状态到前倾的状态，要参与进去。

Web2.0 大家都懂，这些大的网站是 1.0 时代的巨无霸，2.0 的时代在网站上发生变化，大家视频博客大家共享，很多用户创作的内容，这样一些网站都在转移，最近有个消息，Google 买了一家美国的视频共享网站，网民们把自己拍的小的短片，可以上载到这个网站上，大家在网上共享，每一个人，

原来只有电视台发布内容，现在每一个观众都变成了传者，都来发布内容，就像博客是写文字，播客是视频共享，每个人都是电视台，我觉得台长运营权有一点丧失了，趋势是非常猛烈的，Google 很有钱，花 16 个亿买这个网站，这个价格某种形态上也代表了一种趋势。

还很有意思，我说演播室里的现场观众状态也发生了变化，演播室里现场观众也在发生变化，在过去的几个月中间，我花了很多时间到《我型我秀》、《莱卡—加油！好男儿（blog）》也好，一方面给我的团队打气，更重要的一点我想到现场观察一下，今天的现场观众在干什么？我发现观众有很多很有意思的变化，传统的电视观众就像你们一样，坐在座位上每人都是安安静静地坐在这边看舞台上的表演，但今天在这些真人秀现场的观众是不坐了，是站起来，有座位也不坐，三个小时演出都站在那儿，后来《莱卡—加油！好男儿》我们干脆把座位全拆了，一个坡形的坡地全站在那儿，传统的观众不仅是坐着，不说话，还非常有礼貌，坐在那边安静地看舞台上的直播表演，在节目的间隙中间非常有礼貌地鼓掌，今天的真人秀的现场是什么样？观众不坐了，是站起来，还要尖叫、呼喊、流泪、疯，这是今天的电视观众，核心是什么？观众的参与性，观众任务自己是节目的一部分，他要参与进来，我们电视导演也不停地把这些都切入给粉丝，这个节目是什么？是那些现场的观众和台说的明星，台下的偶像和节目的创意者，共同创作了集体狂欢，就是今天的电视。

电视的商业模式正由免费模式走向免费
与付费模式相结合

所以我想一个核心来说，今天的核心是在竞争开放的环境之间，我们新一代观众正在自主选择，在这样一种运营权利发生变化的情况下，事实上电视的商业模式也在发生着很多的变化。

我认为以广告为核心的免费模式，正走向与付费模式相综合的这样一个模式，这个话怎么理解？传统电视靠收视率，人家投广告，观众看电视是免费的，但是广告是有偿的，这个模式我们称之为 B2B2C 模式，B 是我的电视台，中间这个 B 是广告客户，C 是用户，我这个 B 必须要打动那个 C，创造它的吸引力，创造它的吸引力，卖给中间的 B，B 掏钱，商业模式才形成了。

但是今天电视正在走向付费模式，电视转移到手机上，手机就是付费的，IPTV 也是收费的，我们现在在上海每个月要收 60 块钱比有线电视贵，除了收广告之外还在收费，那么这种按次收费，按月收费或者按照节目包付费的方式跟电视的广告结合在一起是商业模式的变化。

这种变化在座的同学们不要小看这个变化是个巨大的机会，我举个例子来说，前段时间我去广东，跟广东电视台的台长聊业务的想法，我认为像广东这样的付费业务是非常大的市场，整个广东地区据说有七千万的手机用户，电视的广告你说能够挣多少，一个电视频道，卫视做得很辛苦，五个亿，六个亿做得非常辛苦，在全国也是名列前茅，手机我们可以一起算一笔账，七千万的手机用户，10 个人中间有一个人变成手机用户，700 万，每个人每天让你看看电视，付一块钱，很简单的算法，一天七百万的现金流进，三天是 2100 万，一个月就是两亿一的收入，只是 10%，再乘以 12 呢？20 多亿的收入，每天 10% 的人看，这是广告挣不来的钱，节目内容就是电视里的这点内容，把它移到手机上去，成本没那么高，但是就能带来很大的收费。

同时我们注意到一个视频的广告，原来视频的广告只有电视台可以播，今天走到电梯里面也有视频的广告，餐馆、酒吧里也有，在卡拉 OK 唱歌的时候也会先让你看广告，现在 P2P 的广告，网络游戏，模拟很多现场里面都有很多广告的因素掺杂在里面，同时电视分销的模式也在发生变更，现实电视是有很多点播的，原来卖广告是集体收看，可以算出来多少人看，平均到每一个人身上广告的开销是多少？今天不一起看了，有的早上看，有的晚上看，有的路上看，广告价值怎么投放？是个性的点播消费，整个业态发生变化，在这种情况下，刚才我们说那么多 UTC 的网站，每个人都变成电视台了，有一天大公司都会被消亡掉，各取所需会不会出现这种情况，这要看未来，但是这种趋势也许很有意思，你看好莱坞今天有大制片公司，有大量的服装道具这样的公司，也有很多独立制片公司，生产非常优秀的电视剧，照样获奖。

商业模式导致节目模式也发生变化

我们很有意思看到商业模式变化的中间节目模式也会发生了变化，真人秀我认为首先是一种电视业态一种平民化或者草根化这种的诞生，传统的电视，明星是焦点，我们观众是围绕明星来的，大众之间都可以变成明星，跟整个社会在一起是一种呈现，手机短信提供了这样的互动模式，还有商业模式的多元化，刚才说了，今天大家知道真人秀的商业模式，不光是电视，手机短信挣钱也是挣得很厉害的，一场决赛下来，单场300多万的收入，整个比电视广告还挣钱，所以商业模式的多样化，电视平民化、草根化是观众的需求，几种结合起来就产生了真人秀的崛起，是这个时代、技术、市场发展的必然结果。

80年代后的观众将是新媒体的受众主体

在这种情况下，我觉得很有意思，我觉得我们得关注80年代，或者下一代观众的特点，刚才我讲了那么多，所有这些新媒体的应用，现在的电视还是45岁以上的观众，是它的观众主体，刚才我说的这些电视节目，这一代的电视观众是谁？是现在的观众。80年代的观众，我相信你们在座的各位，在北大念书差不多80年代出生的，我在很多演讲的场合，常常会问这个问题，我今天反过来问，在座的各位你们很多都是80年代的，我不知道你们跟父母之间沟通是怎么样的，你们的父母是不是真的了解你们这个世界，你们的世界，你们的思维模式，你们的行为模式，你们的时尚流行，包括你们的语言系统，你们所用的词汇父母了解吗？

今天我们发现了很有意思的父母，那些父母的孩子如果是80年代以后出生的，父母跟他的代沟是非常强烈的，父母跟子女之间的伦理上的相互关系，但是这些年轻人这个群体，或者在座的各位，思想的模式，思维的模式，语言的模式是那代父母，或者父母是无法理解的，完全是两代人。

那么这一代年轻人懂得技术，互联网上网的技术，所有的手机应用都非常熟悉，懂英语，我们80年代的年轻人，事实上跟这个年代的人是在一个水平线上，你们对最新娱乐方式的享受也好，追逐也好，是跟纽约的、伦敦的是在一个水平线上，都是用一般的品牌，时尚流行，听一样的歌曲，这个说法是"世界已经平面化了"就是这个道理。

这代年轻人他们目前是传统电视的流失的观众群，他不要看这个电视，觉得很烦，但是他们可能是下一代电视的参与者，这代年轻人是便随着互联网、手机成长起来的电视观众，他们有电视机，大家他们喜欢从电脑上看电视，用MP3听音乐，随身听听音乐跟MP3听音乐有什么不同？随身听听音乐是CD听音乐，唱片公司刻的一张光碟出来，所有的歌全部在那上面，你花钱买回来，也许十首之间也许只爱听一首两首，不好听的跳过去，就跟现在我们电视台一样的，你播了我看，你没选择，你只能看，不好听的你可以不听，好看的你来看，MP3革命性，单曲播放，用户选择权利，用户到网上把自己喜欢的歌曲选择过来，自己听，这就是用户的自主行，这跟刚才说的是一个概念。

因为 MP3 成长起来的一代年轻是自主性很还的，是索取娱乐，是自我找娱乐的，而不是被动的享受娱乐，当然虚拟社区交流，这都是这代人的生活方式，我在这个我也在思想这个问题，这里面整个社会发生了很大的变化，拿电子游戏来说，主流媒体来说是否定电子游戏，认为电子游戏耽误学业，但是它是存在的一种方式，那么这一代年轻人他的成长是伴随着电子游戏成长起来，电子游戏已经成为一种思维模式进入到思想中间去，这种东西会不会在未来发生很多变化，在座的各位你们很快就大学毕业，或者 80 年出生的学生现在已经 26 岁了，大学毕业四年了，挣了钱可以买房子，生儿育女，当你们生儿育女，你们孩子诞生的时候，你们还会像父母一样反对你们玩儿电子游戏吗？是你生活的一部分，改变了年轻人的思维方式，会排斥电子游戏吗？社会再发生着很多的变化，我们必须关注着这种变化。

这一代年轻电视观众的思维模式需要
电视人去关注与引导

所以我觉得非常有意思，要关注下一代观众的特点，CTR 媒体产品研究部最近有个调研报告，这个调研报告叫《观众青少年》，专门研究了 80 年代出生了年轻人对品牌的喜好，媒体的喜好，等等的数据，今天由于时间关系不展开的，我把结论展示一下，这一代年轻人是自主决策的一代，也是视野广阔，很有进取心的一代，不要轻易否定这一代年轻人，他们很有进取心，他们一个非常庞大的消费空间，这里面有一个数据非常有意思，统计了压岁钱有多少？我当时记得有非常高的年轻人都有自己的储蓄账户，都买一些非常贵的电子产品，同时这些年轻人交际的需求非常旺盛，所以虚拟网站非常旺盛。

个性和理性之前非常个性化，但是又很理性，对于这种民族的尊严，对爱国主义的这种东西也很认同，但是非常个性化，同时这是孤独一代的年轻人，很多人觉得父母不理解他，父母陪他玩儿得少，所以他也是渴望被关爱的人，但是我的一个感觉，我刚才说了，我说这代年轻人正在迅速成长，这是我们电视所要关注的这一代电视观众，我们为这代电视观众，要关注他们的思维模式，怎么引导他们，这是我们非常重要的责任。

我举个例子，叫《我型我秀》，这档电视节目，跟国内很多唱歌、比赛形成海选的模式是非常相像的模式，这个节目办了第三届了，这个节目发生了很大的变化，当时我们研究这个节目的时候，这里面怎么把握这个变化，当时在中央台在其他卫星频道上都有同类的节目播放，我们在亦步亦趋地走这个道路，跟别人后面是没有创新，我们认为《我型我秀》也许不是全家性的节目，有些唱歌的选秀类的节目是全家人看的，而《我型我秀》是专门做给年轻人看的，尤其是15岁到24岁观众层看的，我们希望把这个《我型我秀》变成一个年轻人张扬的舞台，我们赋予了广告语"我要秀自己，有什么不可以"，收视率我们统计出来，上海15到24岁人群中间，在决赛阶段，三分之一的人群观众在看这个节目，三个人中间有一个这个年龄层次的观众看我们的节目。

我是觉得非常欣慰或者非常肯定我这个团队的努力，他们的目标是非常精准的，抓到这批观众群，我们在这样的观众群中间塑造了，也存在了师洋（blog）这类搞笑类的歌手，唱歌走调，在节目中间有哗众取宠的，最后他还获得人气王的称号，对师洋这个现象社会上有很多的争议，去我们东方卫视，我们两个新闻主播说他是不是有去哗众取宠，他非常天真可爱的，也许师洋是个个案，是个极端性的师洋，我作为集团的总裁我看到了年轻人身上可贵的东西，这种可贵是自信的力量，无拘无束，没有什么可怕东西，哪怕是把自己最薄弱的东西，最缺点的东西展现给亿万观众看，他都觉得是个性的障碍。

就像我们这个年龄层的人，所谓有些脸面的人，到卡拉OK里面唱歌，看到同学、朋友唱得很好，自己都不敢吭声，只有别人合唱的时候才跟着一起唱，这是我们这代人的心态，跟文化、教育都是结合在一起，这些年轻人不怕，就是娱乐自己，娱乐别人，大家有欢笑就足够了，生活就是有这样的自信。

年轻观众必将走向舞台的中央
他们不仅需要宽容更需要欣赏

我觉得引导得好，发展得好，这一代年轻人是非常非常有希望的，也是我们令我们这个民族未来能够骄傲的，国与国的竞争是非常激烈的，需要一代年轻人无拘无束，敢于到这个世界舞台上搏击，展现自己的自信，也许师洋唱歌的技巧不够，对于这些音乐的熏陶不够但可以引导，像师洋这样也许是新的音乐样式可以娱乐我们现代的受众。

这代的年轻人只要把自信的风格，和继承了人类文化的真善美能够有机地结合在一起，我相信我们的民族非常有希望，我也愿意我们的电视节目跟他们共同成长，塑造我们新一代的电视文化，我也非常清醒地认识到，今天我作为总裁控制了新闻频道，我站在舞台的中心，所有观众是在舞台的边缘，但是年龄增长是一个规律，我正在往舞台的边缘走，所有下一代的电视观众他们正在从舞台的边缘往中心走，有一天他们会成为舞台的主角，承载起我们民族、文化赋予他们的使命，所以说我觉得我们这些电视人应该跟他们更多的互动、关注他们，了解他们。

我觉得宽容不够，是要欣赏他们，欣赏他们身上的价值，创作一种新的电视文化。讲到这里已经快讲到我讲座的结尾，电视在发生那么夺得变化，未来的电视有很多的东西，但是有些东西是不变的，或者在这种变化面前，我们要抓住什么东西，我觉得面对下一代电视媒体，优秀的内容，我认为是一种灵魂，也许电视终端发生了很多变化，收看方式发生的很多变化，但是有一点内容还是不变，人类的想象力、心灵是所有技术所无法复制的，激动人心的内容永远是不败的，是作为我们电视人永远兴奋的东西，没有这种追求电视的未来是非常可悲的。

电视媒体应该与其他媒体有一个整合

第二我觉得我们要创造一种所谓的垂直的这种整合，就是说能够把我今天说的电视传统媒体的价值产业链，跟互联网、手机能够有一个随机性的整合，能够把这种影响力在电视播完之后，能够平移到互联网、手机，在新的平台上创造二轮三轮的付费的方式。

创新改变世界　电视人未来的机遇源自
不断创新与变革的勇气

所以总结来说内容创新，媒体创新也许是我们这一代电视的使命，也是永恒的追求。我觉得这个数字技术，网络技术信息技术，正在把我们这个人类社会带入到一个新的发现的年代，人类的历史上有很多激动人心的时代，地理发现了新大陆，整个地球不会有新大陆出现了，但是我们要知道在未知的世界中间，我们通过网络信心，信息技术，整个我们产业发生了很大的变化，我们新的发现正在到来，这个发现孕育了很多商业的机会，孕育了很多产业的机会在里面。

你要说也许未来的五百强企业在哪里？也许你可以说今天是美国的 GE（通用电气），沃尔玛，传统的制作商，零售业的巨无霸，随着技术的出现我们进入了新的发现年代，未来的五百强也许现在正在美国硅谷一个实验室里，也许正在中关村北京大学的一个学生寝室了，几个学生正在进行头脑风暴，也许在上海一些年轻人聚会的餐桌上，大家正在兴奋地议论着新网站的商业模式，这个商业模式将会带来娱乐的变局，所以说都不知道。

下一代的富翁是谁？今天我们脑子里知道很多富翁，但是未来还会有更多的新闻诞生，所有的机遇只是刚刚开始，革命的前夜刚刚到来，巨大的革命还在后面，面对这样的发现年代，我觉得对所有的电视从业人来说，需要创新的激情，需要冒险的勇气，同时需要前瞻性的眼光，看得更远，看得更辽阔，同时要务实。

对传统的广电业来说，我们一直在呼唤广电行业体制、机制更深层次的变革，才有新的机会，非常感谢大家给我这样的机会让我表达自己的观点。

（掌声）

黎瑞刚与北大学子互动

主持人（徐泓）：感谢黎总，今年的年初我曾经参加了一个关于全国报纸竞争力的研究大会，在那个会上有一百多家纸媒体的老总们忧心忡忡，同时也非常激动，怀着很大的一种创造力在研究着平面媒体也被网络颠覆，在研究着面临新的挑战怎么做。今天我觉得我听到电视人关于网络颠覆电视这样一种趋势更深的、更理性的、更激动人心的一个思考，我想刚才黎总讲了，他非常希望能跟大家进行互动，新一代的电视观众正是在座的所有同学，我想这个互动的环境，咱们能不能够像黎总所期望的样子，像《我型我秀》的现场，那样一种热闹的，不是说我说你看，这样的互动层面，大家从沙发土豆从后仰变成前倾，希望大家积极提问。

（掌声）

IP, 颠覆电视?

学生提问：我的一个问题是这样的，我有一个概括，另外有个问题，根据你的讲述和我原来的一些思考，我觉得传统电视与观众的关系，我有个概括叫做"双规"，就是规定时间、规定地点的收看方式，根据你所说的下一代的电视两任，任何时间任何地点的收看。这是我非常简单的概括。

另外我的问题是，根据你所预期的变革，需要广播电视这个体制和机制的一种相应根上的变革，你认为目前的这种变革的障碍，体制性机制性的障碍是什么？根据你的表述，我们就感觉，广电行业可能慢慢地就成为信息产业的一部分了，没法有一个独立的这种状态了，您怎么看，谢谢。

黎瑞刚：不愧为北大的同学，上来第一个问题就是单刀直入，直冲要害，刚才谈到这样的问题的时候也是有感而发，首先我觉得中国的广电行业发生了很大的变化，我是这些变化的亲历着、也是参与者，我们今天无法想像，我十年前在电视台当记者的时候，你说现在我们有 IPTV 是自己运营，我们自己参与，今天我们所主导的 IPTV 是我们电视台来做这个事情，这也是中国特色 IPTV 的模式，控制整个的发展，事实上广电行业已经做出了非常多的积极探索，在这中间还是有一些问题需要我们深一步的思考，新媒体有它自身发展规律，比方说新媒体是一个风险性成长高的行业，很多新媒体起步的时候，你不会知道变成新浪，没有人知道变成盛大，也许是一百个一千个终端，才会有最后成功的几个。

这种模式是一种风险度非常高，在这个成长中间不断筛选应用模式，是高风险的应用模式，跟我们现在国有广电业中是不完全匹配的，这些问题，我认为现在有很多广电行业的领导也意识到这个问题，我觉得力度还有待于进一步提高。

也许在我们现在电视平台之间，推动手机电视，推动 IPTV，在中国的特色下，我们对内容加强管理，电视台会发挥很大的作用，比方说在欧洲、美国、香港，电视运营商运营 IPTV，在中国是广电和电信运营商共同运营 IPTV，保障里面的内容是健康、安全、有效的，这种模式是我们正在探索的模式，也受到了观众很好的反映。

但是新媒体中间的很多发展，这种资本高风险的投资，这种模式事实上我觉得还有待于新的突破，简单地讲是这样。

主持人（徐泓）：一会儿提问的同学先介绍一下自己，因为我想黎总很关心提出问题的是什么样的年龄段？咱们换个女同学吧。

学生提问：我是 88 年出生的，也是新生，我的专业跟新闻没有关系，我关注的是问题，电视媒体遇到学习别人东西，您认为传统电视媒体它独特的这种传统性是什么？怎么样防止别人去沦落为另外一种变化，怎样把自己的传统特色发展正独特的呢？

黎瑞刚：未来的发展不是说我学习了你，我固守自己的领地，电信行业，IT 的行业还是相互割裂的行业，未来的电视形态和方式，你也许不知道这到底是电信还是什么，今天我们说三网融合也好，成为我们国家的国家战略，现在国家的手机付费，多种形态的融合，是一种交互性的，我认为今后的电视业态是一种多种行业多种技术共同造就的，目的是方便于观众，让观众得到最好最优质的服务，我觉得是一个融合性的产业。

学生提问：是什么给予它有别于报纸呢？

黎瑞刚：跟报纸很简单了，因为是视音频的信号，对电脑来说，我是说即使自主电视，IPTV 在发展，各种业务在发展，不是一种完全替代性的，IPTV 电视的发展，或者手机电视的发展，这个电视本身它这种广播式的发展，它一定还是有非常非常强大的市场，我们可以看到技术的发展是这样的，后面一种技术出现，也许会颠覆前面一种技术，但是不是取代性，不是把它抹煞掉，我们以前会说报纸会消失广播会消失，现在还发展得很好互联网起来以后还是找到了一种新的发展模式，不是一种完全替代的关系，不会把它完全取代掉，我就拿手机来说，大家知道手机是个接受电视，但是手机电视你会发现很有意思的现象，观众大部分的时间不会一直按着按钮，这里面是什么东西，这里面是什么东西？下行的信号的流量肯定是大于上行的流量，手机电视还是看电视信号看，上传的信号流量还是非常小。3G 上来以后传输信号没有问题，但是用 3G 网络传输电视信号是不是成本太高，3G 是点对点，是不是成本太高，流量费太贵，还是回到移动当中，所以电视因为观众看一个电视要参与互动，但这种互动是不会影响电视节目的内容，电视作为基本形态还是会往前走。

学生：我现在可能不是在提问一个问题，我想提问一下在场的各位，你们谁有想创业的，我现在想来个多点的互动，我们可能来这里听的就是听他对电视的一个趋势，就是说可能还有一些进入到公司里面工作，但是我不知道有没有创业的，或者在 IT 技术类的，我们是在 80 年代的一些年轻人，有更广泛的创业的想法，有一个互动的。

首先我介绍一下我是 83 年出生的，在广西做传统行业，但是自己以后想做一个世界一流的企业，我不知道这里有没有感兴趣的，课堂下面我们可以交流。谢谢大家的宽容。

（掌声）

学生提问：我是 79 年的，在这儿听了黎台长的一番话觉得非常欣慰，（全场笑）我用这个词语，因为我所站的角度，我本身是媒体的工作者，您在跟省级电视台的一些，上海市文广，跟省级电视台是平级的，你跟电视台的交流过程中，会不会感觉在理念上有很大的差异，另外从您刚才说的东西来看，在技术上是完全可行的，可能对于上海市一个单一的市级的地区来说普及也是比较方便的，但是它在下面的省里面推广的时候，会不会有很大的阻力，另外对于各省可能在观点上体制上会存在一些落后的思路，然后您所讲的这些东西，大概能在多长时间内能够在全国内推广？谢谢。

黎瑞刚：我想你刚才说跟兄弟台的台长有很多交流，我非常喜欢跟全国的兄弟台的台长交流，我个人感觉到，在最近的一两年中间，全国各地的电视台台长都高度关注新媒体的业务，比如说在上海，新媒体也是一个场地，我们接待了一个大量的参观团了解这个信息，我几次在台长论坛上发表的观点，也许观点是比较超前的，但是台下的交流非常多，不管知识背景，不敢年龄，不管对这个行业未来的前景看待如何，大家都在关注这个新的媒体，包括高校，你刚才说的问题，你刚才说的问题在新媒体推广中间，没有地区的经济状况不同，我要强调的一点是，在新媒体的事上一定要有信心，中国具有新媒体，颠覆性技术后发优势非常明显，颠覆性的技术往往是在后发的国家中间，颠覆性的技术往往起步的时候多被人关注，这种应用会像病毒一样迅速传播，中国对新媒体应用来说，人口是非常重要的因素，刚才说过了，互联网的价值跟加入用户的平方是正比的，你把它放入一千万人的小国家去，这事情别谈。只有达到人口达到一定规模的时候才可能实现，造就了联通那么大的价值，这个市场价值多大，这里面小额支付，就有这样做，我认为从大的途径上来说，中国具有新媒体发展的后发优势，但是一定有很多发展中间的很多问题，利益提升的问题，任何一种产业的发展，并不因为技术领先一定发展得好，任何产业的发展不一定观众有需求才能发展好，是个利益协调的问题。

进入到这个市场中间去也许会伤害到传统产业，下岗员工下岗怎么办？企业的原来投资怎么回收，原来利益的拥有者会排斥或者在一定程度上推迟新业务的介入，这种迟缓并不能阻碍整个一个新媒体的发展趋势，我是这么看的。

学生提问：我在网上看到的报告，电视的主要收入靠广告，电视媒体的高速发展已经过了，中国的电视媒体落寞的情况下怎么跟世界接轨，谢谢。

黎瑞刚：你刚才说的问题其实是两个问题，中国要走向世界一流不光是电视，还有很多方方面面，媒体中间，互联网也是一种，这都是大家共同的责任，我想刚才前面我已经讲到了，电视的广告全球范围内还在增长，但这种增长的趋势减缓，我们经营广告感觉很吃力，但是互联网因为技基数比较低，但是呈上升的态势，今天对互联网的广告投放来说，还有一个用户所熟悉的过程，比如说现在有电子杂志，但电子杂志不能挣钱，中间的广告消费模式还没有被广告认同，虽然是很好，这种多媒体的方式，但是没完成，需要一定的时间发展。

在电视的整个产业链中间长期形成的一个非常完整的产业链，比方说电视广告我说我广告做得好，不是我说了算，是 AC 尼尔森说了算，广告主根据收视率卖这个广告，你说我的互联网广告做得好，很多数据都是一个问题，今天很多数据说，客户端下载多少，其实有些东西都有水分在里面。这个产业链还需要进一步细化，我相信会有第三方公司会计算流量等，这个时候才会进入到发展健康的中间去。

刚才最后一个问题，我只能回答这是我们所有做电视行业的工作者，在座各位热爱电视的梦想，希望中国的电视让我们的民族骄傲、让世界所关注，我个人在 2001 年和 2002 年在美国学习过工作过一段时间，我曾经在美国大媒体的电视频道里工作过，我目睹过他们很多电视的制作流程，我亲身地感受到美国电视工作者的职业状态、敬业精神，以及他们对电视行业的执著地追求，我也深深地对一种民族的傲慢情绪，对中国电视媒体的落寞，被他们的态度所刺痛过，我回来以后自责过，想跟很多同行朋友们一起，推动电视产业的发展，有一天让世界上不光光记住的 CNN，还有中国的电视品牌。当然现在中央电视台做得很好，在国际上说有相当大的进步，前几天日本要办一个英文电视台，他的目标是赶上中央电视台。这是我们共同的骄傲。

学生提问：黎总，您好，我是 85 年出生，我的问题是，东方卫视台庆活动在北大举行，您能不能给我参加台庆机会？

黎瑞刚：今天能站在台上交流是个人的荣幸，也是我们东方卫视的荣幸，我们东方卫视成立了三年，应该说是一个年轻的品牌，原来我们叫上海卫视，后来改名为东方卫视，希望赋予这个品牌新的含义，我们追求这个梦想的同时要赋予这个台青春的，都市的，代表国际化，有朝气的感觉，我觉得人们追求的气质我觉得跟北大的文化氛围，我觉得完全是吻合的，我们台庆策划的时候，有一个理念，要选中国最好的高校，毫无疑问就是在这里。

（掌声）

我今天更希望，希望今天的演讲跟大家有一个交流，希望大家能够不光是关注东方卫视，关注我们 SMG 我们这个集团，更多的是关注中国电视，属于危机和挑战、希望并存的中国电视，这是我们真实的想法。

（掌声）

学生提问：在刚才的演讲中听出来，您对技术很重视，我想请问一下，地方媒体想要打破央视垄断的方式，因为我知道东方卫视有很多好的节目，像第一财经，但是无法落地，才会用这种 IPTV 这样大家看到的技术来做。

第二个问题，我想 IPTV 我们在电视上看到的节目，可能还是要用 IPTV 点播，我觉得刚才您说内容，我觉得内容是最重要的，您觉得这是技术在怎么的程度上可以带动内容的一个改进？

（掌声）

黎瑞刚：我今天一直讲的很多东西跟技术有关的，其实我个人来说这些年我自己花很多时间研究技术的问题，我一直觉得今天发展来说，无论是你商业创业也好，还是你从事娱乐也好，一定要关注技术给我们生活所带来的变化，技术每一次革命也许会带来每次革命性的变化。

事实上刚才讲了很多，会不会地方媒体打破垄断，跨地域的发展，我想中国的电视有一个发展的格局，这种发展格局我们原来称之为更早以前有一种叫做"四地办台，调块分割"这种模式，这个模式跟市场的发展，跟观众对于电视的需求来说，在这几年在国家广电总局的推动下，电视整个行业性的变化是没有停止过，整个产业的趋势也越来越明显，这毕竟是多年来中国形成的电视格局，作为地方台来说，非常感谢你过程所说的，除了东方卫视之外，还有第一财经，这是我们这些年致力于打造的品牌，我们除了第一财经之外，我们还有很多很好的品牌，真的希望让北京的观众，北京的观众共享，也这是一个梦想。

把这些内容能够更多地传播到更多的地域中间去，我觉得一方面有待于政策的推动、支持，当然有待于商业模式的变化，IPTV 是一个成长性的发展，另外一方面，我觉得还有其他模式，网络等等已经形成了很多把节目异地播出的模式。

我个人觉得，关注这些新闻业务在其他地区的播出，我更关注的是这个业态带来的新机制，不简单的打破某一个电视台的垄断，而是更重要的是业务形态，刚才说的业务模式发生很大的变化，在未来也许会超过现在更多的，无论是商业价值也好，影响力也好，这是种新的业态，我们做这些业务，我们的关注点不是简单的竞争，是传统媒体上的竞争，更重要的是通过媒体的创新，创造一种新的影响力，这是一种新的探索。

我相信在未来随着三网融合的互动，也随着中央台和地方台之间的更多互动，和合作，我相信以后中国的电视的将会发生很大的变化，这种变化我还是回到刚才我说的第一点，一定是造福于亿万观众的。

主持人（徐泓）：我可以给您透露一下，新闻传播学院有一些同学他们的硕士论文就是以你们的一些节目作为他们的硕士论文题目的，包括第一财经。

学生提问：第一个问题，我想在未来的发展过程当中，上海文广和中央电视台比起来最大的优势是什么，第二个我想问问，您愿意别人称呼您企业家、还有企业的老总，还是台长。

主持人（徐泓）：介绍下你的身份。

学生提问：我是中央电视台的记者。

黎瑞刚：中央电视台一直是我们台非常尊敬的，说这样的话大家不要笑，是我由衷的，我走向电视行业是因为中央电视台一部片子才走向电视行业，我复旦大学上学的时候，我的目标是去上海的一家报纸，当时在那儿实习过，最后我选择电视的工作，当时因为有两个因素，一个是参考消息上，讲的是电视怪杰，写他的一个发展，第二个我看了中央台的电视节目，至今我仍然想到这个电视的时候，依然内心会有些激动《望长城》，是一部非常棒的纪录片，改变了我对电视的理解。

主持人（徐泓）：咱们有多少同学看过？

黎瑞刚：很少。

主持人（徐泓）：是 80 年的一个遗憾。

黎瑞刚：里程碑式的创作，当时我觉得在这个节目当中，中央台军事部的一批电视工作者，这批电视工作者，他们当时带着电视摄像机沿着古长城沿线拍摄风土人情，拍摄社会的变迁，进行考古的发掘，阐述我们的哲学观很多东西，我忽然发现电视是这么有魅力的东西，电视打开摄像机到现场的时候，不知道现场会发生什么样的变化，但是会把现场的东西记录下来，通过后期的剪辑把理念传达出来，像我们拍电视、电影所有的情景设计好了，电视是每天都会面对新的东西，都会不断地刺激你的想象力，创造力，我今天来说，感谢中央电视台让我选择了今天的道路。

到今天为止，我们跟中央电视台依然是非常好的合作伙伴，我们在非常多的领域中间有很多合作，你刚才说到优势也好，我觉得中央电视台的优势是不容置疑的，不容挑战的，作为地方媒体来说，我觉得跟中央电视台之间的关系，我认为作为地方媒体来说，配合好中央电视台，服务好中央电视台。

（掌声）

学生提问：您讲了很多关于 IPTV，还有手机电视等等的优势，新媒体的优势，我想问您的是，现在文广进入了新媒体领域，包括新华社也在进入这个领域，可是在现阶段的传媒市场有没有得到回报呢？而且一如既往的大规模的其他媒体进入之后，这种克隆现象之后，文广相信地域性的优势吗？

三年前改版的时候，我听说是新闻立台，我现在看到的是在娱乐方面东方卫视整合强度更大一点，现在拿东方夜新闻来说，到现在这个节目让我看了好像已经淹没在同时段的其他的新闻栏目当中了，我想问的是是不是娱乐节目更挣钱呢？

黎瑞刚：我觉得这个新媒体这个市场确确实实在未来的发展过程中间有很多变化的因素，今天上海的领先也并不意味着将来永远领先，在这个行业中间有太多的机会出现，只要你抓住这个机会，我觉得回答你刚才第一个问题，我们挣钱还是不挣钱，我今天告诉你，我们绝大多数的新媒体公司，到今年已经盈利了，除了个别的几个，刚刚开始 IPTV 还是投入期，比较大的投入，但是其他的一些，我们之前投入的新媒体都进入到盈利期，我们应该是瞄到了新媒体的规律做法，依靠我们自身的优势做了很多整合，我们今年世界杯期间，我们购买了世界杯互联网的无线权，再过一两个星期我们会跟国际上非常大的一家媒体，在新媒体领域中间有一个合作，这方面我们已经有良性的发展，未来的发展来说，我觉得首先，我非常非常希望看到这个行业中间，不光是 SMG 一家人在做新闻媒体的尝试，如果这个行业中间就我们一家孤军奋战，那是不行的，每个行业中间，相互中间这种取长补短，共同把市场撑大，这个蛋糕会越做越大，他们之间会有相互之间的竞争和磨合，更重要的是把空间撑大，我相信会看到这一天。

刚才讲到东方卫视这个问题，我觉得这么来看，东方卫视到今天为止，我们仍然旗帜高扬，我们新闻立台，这是我们坚定不移的使命，作为地方媒体来说，在新闻资源掌控上，受到一定局限上，我们有一定的难度，但是这种追求是电视人的追求，也是电视工作者对于自己承担使命的理解。

您刚才谈到这几年东方卫视品牌定位形象会有一些变化，原来我们做新闻的，也做了新闻的评论员等等这些做法，但是今年以来忽然说娱乐节目倾向很浓，风格很明显，甚至成为一种中国娱乐中间新的选择，我是这么来看这个问题的，不介意我在这里推销一下我们这个集团，我们这个集团我认为非常骄傲，在过去的发展中间，我们集团整体发展是非常强的，2001 年我们集团刚刚成立的时候，我们营销收入只有 19 亿，做到今年年底我预计我们集团的销售收入可以达到 42 亿、43 亿，我们的广告收入我相信在 35 亿左右。

我们想 01 年到现在 05 年，短短五年工夫这个集团在销售收入上发生了很大的变化，这种变化是收入的创新、执行力的创新带来的效果，我觉得在SMG 这个集团中间，我们新闻做得很花工夫的，各地方卫视主要的新闻应该说也是新闻很多，但是主要的新闻还是本地新闻为主，但是我们的新闻覆盖面比一般的地方更宽广一下，我们有体育，我们体育频道也是非常强的体育频道，我们有全国唯一的省级电视台的纪录片频道。但是有那么多包括我们少儿节目等等等等，都做得非常好，而且经营上都做得很成功。

我们去年在思考一个问题，上海新媒体方面做得很不错，内部管理有很多新的理念在推动，在全国的市场中间，好像上海，电视影响依然不够，问题出在哪里，我当然在想这个问题，我觉得今天对观众来说，也许新闻这一块并不能构成完全意义上的竞争，但是今天在省级电视台，在全国的市场中间，直接面对面的有两家，一个是电视剧，一个是娱乐节目面对着竞争，观众直接有感受的，电视剧自己投资的不多了，是我们采购，我们买的，这个是实际的投资量，娱乐节目是一个完全不同的，强的娱乐台，比方说湖南，我认为湖南也是我非常非常，我觉得非常尊敬的一个电视台，在这样的资源的情况下，湖南团队对娱乐的追求精神，值得我们上海学习。

他们在这方面更值得我们学习的一点，湖南很多节目是自己在创造，不是简单买娱乐公司的节目在平台上播，这是他们的核心竞争力，我们觉得对东方卫视来说，在目前这个市场来说，坚持新闻定位是我们追求的，我们东方卫视到目前为止还是全国地方卫视中间播出新闻量最高的一个台，我们全天播出新闻 240 分钟，这个量在全国是没有的，我们新闻的元素也是很多的，你们可以看到没有一个卫视有整点新闻，晚上十点钟还有一个报道，还有很多新闻的专题节目，新闻形成了一个架构，但是在这个中间怎么扩大平台的影响，尤其刚才我说的，在普通受众中间的影响，娱乐节目也许是一个短平快，是一个突破点，所以去年这个团队，在集团娱乐资源整合以后，我们

IP，颠覆电视？

《莱卡—加油！好男儿（blog）》创造了很好的收视率，《我型我秀》也比去年有很大的增长，现在正在热播的《舞林大会（blog）》，再一次在市场上引起很大的反应，我们还有《创智赢家》，我相信也会产生很大的市场反响。

我们也证明了我们这个娱乐团队，在制作大型娱乐节目方面有我们的强项，有我们的实力，这种实力是整个集团综合实力的体现，我不认为说，坚持新闻定位就是完全这个团队是变成新闻频道，我们仍然说东方卫视是综合性的频道，这种综合性的频道也许是抽象的，我们东方卫视是青春的，是都市的，是国际化的，有人文关怀，人文追求的，这些理念会渗透到娱乐中间，也会渗透到新闻中间。

学生提问：刚才您谈到了超女以及《我型我秀》，但是我们知道超女应该有很多种，包括中宣部的高端，在私下渠道谈到，对意识形态的失控其实有很大的问题，您刚才说为了迎合我们观众的口味，您说《我型我秀》，超女是推荐做法是观众的需要，我想问您作为一半企业家的身份，一半政府官员的身份怎么调和这个矛盾，央视的名嘴对超女的文化载体都进行过批判，您对这样的问题怎么看？

学生提问：首先祝东方卫视生日快乐，我是刚才这位师妹的师弟。怎么有机会加入东方卫视？

黎瑞刚：去年以来中国电视市场中间非常火爆的是真人秀的节目，从我的个人观点来看，我刚才注意到你们对这个节目的评判，但是我觉得我还希望强调一点，我觉得我们电视的这些负责人来说，无论是编导演员来说，负责的说，我们不是为了简单的电视节目迎合观众，我们的价值观是在节目中间有体现，这个节目是非常受年轻人喜爱，受到社会观众的拥护，事实上我们在节目过程中，我举些例子来说，刚才完成的《莱卡—加油！好男儿》的时候，我们发现最后选出来的冠军是蒲巴甲（blog）是藏族的选手，我们的亚军宋小波是聋哑的选手，我们的十强之间还有空军中尉，还有大学生，武警的警官，都在这个中间，我们想展示的是青年人的整体形象，有自己的职业，有对自己的追求，对国家的热爱，对社会的奉献，同时他们也漂亮、亮丽，也是偶像，这有什么不好？

我觉得电视的重要性是把这种我们说是养眼也好，悦目也好，电视的娱乐元素非常核心的元素跟社会的观点结合在一起，这是真人秀节目的探索，至少从我们解读来说我们是非常努力的，包括《我型我秀》在这个过程中间，我们也是非常注重这点，我们拒绝没有价值的眼泪，我们希望在这个舞台上展现年轻人张扬的个性，自信力量，这点是我们所追求的东西，不是简单的煽情。

学生提问：很高兴有这样跟您面对面交流的机会，我干了20年电视，来自地方电视台，刚才您说到数字电视，数字电视在2015年全国取消传统电视，我们也在积极地探索，在讨论这样的数字电视的开展问题，作为地方电视台可能除了资金上的困难之外，我们还是思想观念上，机制的困难，您是作为电视新传媒的，也是理论上的高瞻远瞩者，您给我们地方电视台有一个什么样的指导？

主持人（徐泓）：我想您跟黎总台下切磋吧，因为这是电视台业务管理方面的问题，最后一个机会还是留给同学吗。

学生提问：我想问您的是说，您怎么样看待的现在的节目越来越多，电视节目主持人很多，越来越女性化，越来越没有味道，我觉得非常地让人不可以接受，还有您怎么样理解他们没有思想，就像一个机器人说话，您怎么样理解这个现象，您怎么样理解电视传媒的媚俗化，您作为地方台，而且是刚刚成立不久的成长中的媒体，您觉得你们怎么样提升你们的软件，你们吸引人才方面有哪些举措？

黎瑞刚：其实这些问题是我们作为电视的从业者来说，或者电视运营的领导来说，我觉得时时刻刻都在关注这个问题，今天电视的整个一个我们说定位也好，或者主导方向也好，正如你所言，今天的中国电视还是存在着很多问题，无论是节目中间的问题还是主持人之间的问题，我想说一个问题是，首先电视是在一个成长过程中的电视，我当时加入到电视这个行业中间去，主持人更多的就像你说的背稿，播音非常非常多，但是今天我们可以看到，从中央电视台新闻的评论节目，一直到地方台说新闻的他们是有灵魂、有思想的，他们不是把提示器作为他们惟一依托的方式，这种现象我相信会越来越多，这也是一种很好的现象。

电视节目我觉得是这么一种状况，十年前二十年前一个电视节目是要大众都喜欢，一个春节联欢晚会是全国人民惟一的选择，但是今天的电视节目细分化、分层化，成为一种新的趋势，也许您觉得电视节目非常讨厌，也许有另外一批人很喜欢，这种电视的多样化是非常非常广泛的，跟原来完全不一样，像春晚也会接受观众的意见和建议，我觉得这是电视的进步，包括刚才我说的电视台的自身参与，我觉得未来的电视更加精准，更加细分化，也许像您这样的教育背景，你喜欢看一类电视，但是有一类有它的观众群，这

IP，颠覆电视？

是电视细分化、市场化的前提。

　　不管电视怎么变局，节目怎么变，但是我认为人还是最重要的因素，中国电视行业的人才素质的提高，我认为是我们所有从业者需要高度关注的问题，常年以来，因为电视这种强势传播，使电视者有种与生俱来的优越感，我认为是非常可笑的，电视只是很多传播媒体中，后发而且有优势的媒体，电视本身也是一种大众沟通的工具，电视如何跟观众更多地这种互动，而不是这种优越感，我觉得这是电视人自己反省，自己思考的事。

　　另外一方面，你刚才讲到，今天的电视包括媚俗这种现象，我承认今天的电视有时候过度竞争，在同种类型中间，大家哗众取宠，靠搞笑赢得收视率，但是我相信一点，这种能够博得一时的收视率，但是不能博得一世的品牌，真正有品牌、有价值的媒体必须是有价值、有灵魂的，有追求的，这也是我一直所信奉的，谢谢。

　　（掌声）

　　（2006 年 10 月 21 日，见 http：//ent. sina. com. cn/v/2006 - 10 -21/ba129 3882. shtml）

附录2

三网融合试点近一年：

悬而未决老大难问题浮现

三网融合，近年来业界头等大事，电信业的光纤到户、WiFi大覆盖和广电的NGB（下一代广播电视网）等都是投资超千亿、堪比高铁的大手笔，而且也都离不开三网融合的大背景推动。然而，与去年试点城市公布时"大干快上"相比，现在的三网融合似乎进入"滞涨期"，"夭折论"甚嚣尘上，三网融合似乎有些过于低调。从去年7月1日试点城市公布开始，直至今年5·17世界电信日，三网融合试点将近一年，《IT时报》访谈业内专家，三网融合悬而未决的老大难问题也因此浮出水面。

IT时报记者　王昕　郝俊慧

"夭折论"的辩证法

最先提出三网融合夭折论的是工信部电信科技委主任韦乐平，4月4日"2011中国三网融合高峰论坛"上，他一句："我很久没被叫去开会了，三网融合恐怕已经夭折。"道出了三网融合目前的尴尬局面。

4月28日，工业和信息化部通信发展司司长张峰回应，在三网融合推进的过程中，存在有关认识和理解不一致的问题，三网融合是一个长期过程。不过，工信部仍然坚定信心，积极推动。

决心虽然坚定，但并不代表对现状的乐观。中广互联副总经理汪海天回忆，在去年底的广电行业趋势年会上，他与凤凰新媒体执行副总裁王育林先生共同宣布启动"三网融合风云榜"征募工作，并计划于今年8月的第三届"三网融合中国峰会"上揭榜。

汪海天向记者表示，在迄今为止的近半年时间里，中广互联一直坚持开展每月走访几个城市的调研工作。"对于进展确实很难表述。我虽然并不同意

IP，颠覆电视？

'夭折论'，但是也确实没有看到哪个试点城市有什么实质性的改变。"

流媒体网 CEO 张彦翔认为，试点城市的意义目前还没有看出来。似乎都没有什么过多的进展，"只是在三网融合的政策下干着以前就在做的事"。

根据流媒体网的统计数据，到 2010 年底全国 IPTV 用户数量达 800 万户，其中百视通与电信运营商合作发展的 IPTV 用户超过 600 万户，大量用户来自上海和江苏。"IPTV 用户数增长并没有想象中快，而且暂时运营商还看不到盈利前景，这也是为何 IPTV 在运营商相对强势的地区发展较好，因为当地电信或联通的资金实力也强。"一位地方电信 IPTV 负责人表示。

与此同时，广电方面在宽带领域的突围则更加艰难，个别中小试点城市广电方面尚无力开展宽带业务。去年 7 月，广电正式成立 NGB 项目工作组时称，NGB 总体投资规模将达 3000 亿。中广电通 CEO 殷建勇表示，目前国资委针对 NGB 的千亿级投资并没有批下来，实际上各地 NGB 和宽带项目的资金都是地方上投的。一位试点城市网络公司总经理向记者证实："暂时我们还没开展宽带项目，宽带发展感觉压力很大。在省里布置下，今年我们已经启动 NGB 改造了，钱全部是自己投的，压力确实不小。"

消息称，各试点城市虽然陆续提交了"融合方案"，但截止到目前，还没有一地的融合方案获得当地政府批准，更未得到国务院批复，原定今年初推广的第二批试点城市名单也迟迟难以出炉。最新消息是，已放弃今年推出第二批试点城市。

"如果现有的监管体制不改变，到三网融合第一阶段结束（2012 年底）前，三网融合不可能有实质性的进展。"资深电信分析师付亮表示，"2012 年底前，无论是广电，还是电信，三网融合都不是重点。广电忙着自身整合，电信运营商忙着 3G。"

汪海天猜测，也许，试点城市无重大进展与《三网融合试点实施方案》还没有公布有关系，如果上面还没有批准，下面自然也不敢有大动作。"此方案之前说是将于今年 5 月份国务院正式确定之后公布，看来应该是快了。"

合资公司穿上"皇帝新装"

由电信运营商与广电合资，成立三网融合合资公司，被不少业内专家认为是促成双方精诚合作的好办法。一般来说，由于协调难度较大，该工作目前由地方政府领导挂帅的三网融合工作小组主抓。

全国范围内第一批成立三网融合合资公司的是武汉和上海。去年12月16日，中国电信武汉分公司与武汉广电高调组建了武汉市三网融合合资公司。当时《湖北日报》称，通过成立合资公司，将原本竞争双方捆绑在一条"船"上，这一全国独一的"武汉模式"由此开启。

与此同时，上海的合资公司筹备同样紧锣密鼓，2010年底，沪上媒体传出消息，上海东方传媒集团有限公司（SMG）和中国电信上海公司已经决定成立一家合资公司。与武汉的高调相比，上海方面合资公司的成立甚为低调，据运营商内部人士透露，今年年初上海的合资公司也已经悄然成立，暂时还未对媒体披露消息。

原上海文广百视通副总裁龙奔向记者表示，"我离开百事通公司之前合资公司还没成立。成立合资公司是一种应对竞争的策略，合作双方可以把融合业务取得的成果固化下来，避免桃子被他人摘取。在落地天花板越来越低的情况下，这种方式有护市的意义。"

在国内其他城市，融合网主编吴纯勇介绍，2009年，湖北鄂州联通和当地有线成立合资公司，山西移动和原山西省网成立合资公司，分成比例是7：3；宁夏电信和宁夏有线成立合资公司，分成比例是6：4，这些公司都在运营IPTV。"这种合资行为，有利之处在于双方可以收获真金白银，绝大多数都会冲击当地的有线电视网络，形成市场层面的优胜劣汰，但弊端在于对有线电视本身的冲击，如果有线电视业务没有做好，便很难平衡之间的关系。"

对于武汉三网融合合资公司的成立，武汉市信息产业办公室有关负责人打了一个形象的比喻：合资公司的建立就像一对男女，是先结婚再恋爱。虽然"由电信广电五五开合资，双方轮流坐庄"的三网融合"武汉模式"创业界先河，备受专家好评，但公司成立半年来，注册资本到位的仅有第一阶段的600万元，与原计划2亿元相去甚远。一位当地电信人士透露，"600万只是杯水车薪，合资公司目前没有运行情况。"

于是，"空壳公司"的担忧浮出水面，而成立之初"武汉已聘请第三方证券公司对合资公司进行架构设计，并希望合资公司在成立运营一段时间之后

IP，颠覆电视？

能够上市"的想法也已被无限期搁置。

张彦翔称，"不少都是概念炒作大于实际操作，也没有具体的信息可以做参考，目前还没看到这些所谓的合资公司的具体业务运作，无法评判其作用。"

汪海天认为，"理论上说，在试点方案没有被国务院正式批复前，责、权、利是不好明确的。"

一个无法明确责、权、利的公司如何有效运维？最终很可能是，双方将各自的非核心资源象征性地装入合资公司，而组建一个"轻资产"的空壳合资公司，或者说是一件皇帝的新衣。

监管窟窿易堵难疏

在三网融合监管方面，主管机构不可谓不积极，IPTV 牌照、互联网电视牌照无不意在规范行业，让产业链处于可控状态。

不过，牌照似乎并没有束缚住厂商的手脚。通过与互联网电视牌照方如CNTV（中国网络电视台）和百事通等的合作，互联网电视内容可以说已经覆盖全国，无论三网融合试点或非试点区域，只要买回一台康佳或 TCL 等品牌互联网电视，即可看上与 IPTV 几乎一模一样的电视内容。

中国电信商会副秘书长陆刃波表示，"在互联网电视被广电总局严格限制之后，电视机厂商（国内）选择利用智能电视技术，试图绕过政策限制，开始生产内置智能电脑的智能电视机。"

殷建勇和汪海天都认为，互联网新媒体的监管政策一直都是滞后的，而此事本月已有进展，国家互联网信息办公室的挂牌成立就是迄今为止的一大进步。

"互联网电视的用户接受门槛低、市场覆盖潜力大，长远来看，是对IPTV 运营模式的颠覆。不过目前还没找到各方都认可的盈利模式，再加上缺乏行业协同，存在相互拆台的现象。"龙奔说。

汪海天表示，除了 IPTV，有线网互联网接入和手机电视也是三网融合业务，同样存在监管问题。比如用 iPhone 直接浏览拥有互联网视听牌照的视频网站算不算违规，难道还需要手机电视牌照？

对此，北京邮电大学教授曾剑秋建议，应当建立一个中国的 FCC（Federal Communications Commission，美国联邦通信委员会），即三网融合委员会，直属于国务院。重点负责三网融合实施过程中各项工作的协调，在处理三网融合的一些实际问题上拥有裁判权。而三网融合委员会可以由电信、广电和社会其他行业的专家组成，以投票方式协调并处理三网融合实施过程中所出现的各种利益冲突。

工信部电信经济专家委员会秘书长杨培芳将这个机构定义为"国家信息通信委员会（SCC）"，他说："中央政府的管制能力严重缺失，建议按照现代信息服务业的发展规律和国际惯例，尽快组建国家信息通信委员会（SCC），从根本上解决三网融合问题。"

付亮预计，在 2012 年底前，组建独立于工业和信息化部、广电总局的国家信息通信委员会，建立统一的监管体制的可能性微乎其微。汪海天则认为，针对传闻的大部委调整，广电总局的机构及职能基本维持原态而不会有大的调整。

殷建勇建议，对于三网融合采取产业链分级监管的形式，制作、播出、传输、终端彻底分离，由各自主管部门垂直监管。电信运营商也可以申请内容制作、播出资质，广电也可以申请 ICP、ISP 牌照。无论广电还是电信业，都以企业形式出现，"企业自身要有意识，我是国资委的企业，不是广电的，也不是电信的，企业自身要对国资委负责，而非原来的老上司。"

三网融合试点城市非典型案例

青岛：各级网络公司筹建难

曾在数字电视整体转换中创下"青岛速度"的青岛，在三网融合的试点进程中，走得并不快。2010 年 7 月成为试点城市，2011 年 1 月 30 日举行三网融合业务小区试验启动仪式，青岛市南区弘信山庄、崂山区东城国际等 4 个小区由当地联通负责，金色慧谷和慧园小区 2 个小区由当地广电负责，建设三网融合试验小区。市政府规定，广电和电信将分别试验数字电视、IPTV 等

IP，颠覆电视？

三网融合业务，试验期间试点业务不得向用户收取任何费用。试验时间的长短由运营商视用户反馈而定，所有试验结束后，有望在年内逐步向全市进行推广。

家住东城国际的青岛市民周小姐告诉记者，此前只在小区门口看到过三网融合的广告横幅，据说也曾在小区内宣传过，但没有任何人上门办理，也不知道到底所谓试验是什么，家里看电视仍然是以前的数字电视，"现在，连宣传横幅都不见了。"

回想六七年前，广电总局推行数字电视整体转换时，青岛因转换速度最快而成为全国推广对象，而如今成为三网融合试点城市将近一年，却在试点小区都没有完成试验。

去年12月28日，山东广电网络公司正式挂牌，这个拥有1700万有线电视用户的省广电网络整合终于搭上了广电总局限期内的"末班车"。然而，这只是"挂牌"而已，在各地市核心网络资产的移交中，青岛成了"刺头"，迟迟不肯行动。4月14日，山东省政府下发文件，要求"各市务必于4月30日前将广电网络资产全部移交给各市分公司"。可眼看到了最后期限，青岛和济宁依然没有完成。直到5月3日，由山东省政府下发通知，要求青岛必须于5月5日前完成移交工作，如果拒不整改，将由监察部门进行问责。

殷建勇表示，青岛现象恰恰映射了全国范围内广电网络资源整合的难度。各地广电网络公司均由地方政府任命，向地方政府负责，不归省网络公司管辖，自然不听话。

当前形势下，张彦翔觉得，有线网络公司的危机感正与日俱增。"甚至在某种程度上，有线网络公司成为了三网融合的最大受害者。"和电视台关系的逐步剥离，使得有线网络正逐步失去其市场拓展的最大依托，而反衬下，广播电视台则可以在三网融合时代左右逢源。

"无论任何时候，三网融合的最大受益者，都是电视台，因为它内容为王。"吴纯勇说。国家广电总局局长蔡赴朝近日表示，今明两年全国有线电视网络要实现一省一网，加快国家级有线电视网络公司组建步伐，争取早日挂牌。"挂牌并不难，但未来发展并不乐观。"殷建勇称他希望出现的模式是，"像几大航空公司那样"，出现集团化、大型的地方、省级网络公司。

江苏：反思试点城市的意义

江苏省属于电信运营商强势地盘，截至 2010 年底，中国电信江苏公司 IPTV 用户数已超过 170 万户，江苏成为用户数量全国最多的省。同期，江苏广电新增互动电视用户超过 40 万户，总户数达 88 万户，高清互动用户已超过 11 万。

2010 年 5 月份，江苏省开通"城市光网"，城市 20M 带宽覆盖率达到 79%，12M 带宽覆盖率达到了 91%，农村 8M 宽带覆盖率达到 83%。2011 年，江苏电信计划实现"城市 20M、农村 8M"普遍覆盖，城市普遍具备提供高清 IPTV 业务的能力。该宽带速率水平在全国首屈一指。

令人印象深刻的是，除了试点城市南京，江苏其他非试点城市的 IPTV 等三网融合业务发展也已经走上快车道，苏州、无锡、常州、盐城等地均情况乐观。

一位南通电信内部人士透露，目前南通 IPTV 用户已达 8 万多，并发（同时收看）人数最高 3 万户。"老百姓的接受度较高，好的时候一个月最多新增 9000 多用户。苏锡常等城市的用户数更多。"该人士透露，"目前压力主要来自宽带市场，移动的动作比较大。"

"有时候就是有这个毛病，一管就死，一松就活。"殷建勇说，"如 IPTV 发展最好的上海，也是因为政策相对宽松，82 号文件当年留了一个口子。"江苏省非试点城市大踏步的三网融合进展，已经明显引起了主管方面的注意。苏州市委书记蒋宏坤日前表示，苏州或将入选三网融合第二批试点城市名单。

汪海天认为，所谓试点可能更多的价值在于缓冲和过渡，或者说是实现"软着陆"的一个实施过程。试点城市如果能抓住先发的机遇做出特色，起到模范带头作用当然也是一种很好的结果。实际上，有条件有能力城市都可试点三网融合业务。

长株潭：股权收购遭遇"眼中钉"

在 12 个试点城市中，长株潭是一个另类。和其它城市都以"单打独斗"的形式参与三网融合不同，长沙、株洲、湘潭三个城市组成的城市地区"组合套餐"，面临的机遇和挑战更具有试验意味。

长株潭不缺钱。背靠大股东中国传媒第一股"电广传媒"，湖南省有线电视网络（集团）股份有限公司在全省的双向网络改造进行得相对顺利。早在几年前，湖南省内网络建设便已投入了33亿元，2010年，又增投了297个亿，相对其它省份，资金实力雄厚。

长株潭有新模式。在其他地区省网改造中最头痛的体制问题，在湖南有了新的解决办法。由于控股股东电广传媒是由电视台广告和其他业务起家，在2004年才逐渐将主业转型为有线网络和创投，多年纯粹市场化的运作模式，使湖南省网统一有了新的模式。原先的湖南有线集团占60%左右的股份，各地市广电局占40%的股份，通过网络股权重组，有线集团实现了全部绝对控股。

长株潭同样有老问题。尽管归口于各地广电体系的有线网络整合迅速，但对于当初引入的"外来户"中信国安，电广传媒同样一筹莫展。从2000年开始，中信国安就开始通过建立合资公司的方式收编湖南长沙、岳阳、湘潭、浏阳等5市的有线网络，中信国安在这5个城市的有线网络公司中都占49%的股权，用户数量接近80万户，这是块"难啃的骨头"。

10年过去了，从去年底开始，电广传媒开始新一轮的有线网络资产整合，但与中信国安谈判过几轮，双方始终无法就收购价格达成一致。

吴纯勇认为，这是将来国家有线公司面临的难题之一。中信国安目前拥有覆盖全国的有线电视项目已增加到20个，其中包括长沙、湘潭、沈阳等多个地区。从投资者角度来看，中信国安如今不同意被收编的立场并无不妥，毕竟一般而言，网络的投资回报期是15到20年，显然现在还没有到期，因此对于各地省网的收编意向，提出溢价的收购要求，也属合理。

武汉：无奈的合纵连横

一款标榜"武汉首个三网融合套餐"的通信资费套餐最近在互联网上很火。1399元，涵盖一年期2M宽带、互动高清电视以及600元话费等，这是武汉移动与武汉广电共同签署"三网融合·共建G3数字家庭"战略合作协议后的产物。

据中国工程院院士、"中国光纤之父"赵梓森先生透露，目前武汉宽带用户已经超过120万，2012年的目标是发展宽带用户300万、数字电视用户终端300万、高清互动家庭用户100万。这300万宽带用户市场，正是武汉数字网络公司和移动联手觊觎的肥肉。

吴纯勇表示，武汉所推"三网融合套餐"，其实不过是个噱头而已，只能说它以套餐的形式打包促销移动和广电的业务，和真正的三网融合相差甚远。真正的三网融合应该是不同网络之间可以实现不同的业务，业务之间可以交叉，在最终用户面前，应该只有一个机顶盒，一个控制终端，和几个显示终端，而用户所需要做的，只是选择一个运营网络。按照这个标准，目前国内没有一个城市达到。

殷建勇称，此类合作模式其实并不罕见。一般来说，广电选择与当地弱势运营商合作，如在南方与联通、移动合作，在北方与移动、电信合作。

虽然移动与广电的合作声势浩大，不过一位武汉电信内部人士向记者介绍，在宽带方面，广电并不令人担心，倒是联通，包括爱普、长宽的驻地网小型宽带运营商更令人担心。

目前，武汉广电正开始在全市小区内力推高清机顶盒和互动上网，力度不小，不过由于点播节目等费用较高，消费者接受度还难说。而电信方面也有忧虑，上述内部人士称，武汉电信虽然早在 2008 年就开始试点 IPTV，但目前增值业务开发仍有待大力跟上，以摆脱内容完全受制于人的形势。

一位当地业内人士称，"也就武汉环境好一点，三网融合业务比较好开展，而其他湖北下面的市县就难了，官司都打了不少。"

（2011 年 05 月 23 日《IT 时报》）

附录3

广电的救赎

《新世纪》记者　赵何娟

资深IPTV人龙奔，用一句话总结此次三网融合的未来："让纠结者有理由继续纠结下去"。龙奔刚从目前中国最大的IPTV运营商——上海文广旗下百视通公司辞去副总裁职务。

他所言的纠结在于，广电与电信之间早已难以独善其身，却又壁垒重重，难以突破。

广电内部流传着一句谚语："广电多遗老遗少，电信乃没落贵族，互联网则血气方刚。"长期以来，广电系统内部并非没有改革的动力，也感受到了来自电信网、互联网强有力竞争的压力，只是一方面很多保守的广电人满足于"小富即安"，另一方面内部的改革派们一直在内容"可管可控"与打破产业束缚的市场化之间寻找平衡。

五年来，IPTV"上海模式"作为最早的三网融合试点，在地方广电与电信企业的磨合博弈下艰难推进。

2009年，上海百视通IPTV提出"三屏融合"项目，发力内容综合运营，上海文广互动电视有限公司（SITV）提出互动电视跨区域整合。

同时，国家广电总局又提出了"下一代广电网"（NGB）建设战略，根据此次"三网融合"政策还将进一步构建全国性的NGB总公司，以期获得抗衡国家级电信企业军的能力。

从IPTV到有线网互动电视，再到NGB，广电系统推进"三网融合"的新媒体衍进路线已渐清晰，但每一步都走得异常艰辛。而原本铁板一块的广电系统，也因此出现了一线裂变的可能。

"可管可控"上海模式

从此次国务院推出的三网融合政策看，政策实际上明确了广电与电信的权责，即广电做内容集成，电信做内容传输，这与 IPTV 上海模式几乎如出一辙。在各地广电创造的多种 IPTV 模式中，这是早期试验中最典型的三网融合模式，其可行性近期还受到了前信息产业部部长吴基传的肯定。

早在上世纪 90 年底末，国务院 82 号文明确电信广电双向禁入时，就为"只在上海试点多种网络的综合运用"开了一个小口。从 2005 年 10 月，上海 IPTV 率先在中国大陆地区实现试商用，历时四年多，上海已成为 IPTV 全国第一大用户城市，用户规模突破 100 万，上海百视通也成为全国最大的 IPTV 运营商。

"上海模式其实很简单，就是广电负责 IPTV 内容播控，电信负责网络接入和内容传输，双方分工合作，优势互补。"上海百视通一位负责人解释说。

具体而言，上海 IPTV 包括五大管理系统，内容播出控制系统、用户管理系统、DRM 加密认证系统、用户管理和计费系统、网络管理系统。其中，上海文广百视通主要负责与内容播控相关的各个核心环节。上海电信则落实对 IPTV 信号的传输，主要负责 IPTV 系统的基础建设与业务支撑平台的管理。

这种模式在技术上不难实现。2003 年年底开始，上海市科委牵头，上海文广联合闸北区科委、上海电信，在闸北区开始 IPTV 业务的技术试验和试点，试点用户 3000 户，上海文广负责提供内容，上海电信负责网络接入的模式初就。很快，2005 年 3 月上海文广获得国家广电总局颁发的全国首张 IPTV 集成运营牌照，国家对于 IPTV 的管理也以"牌照"准入方式在全国推广。这颇为符合国家广电总局坚持"内容可管可控"的需要。上海文广于 2005 年 6 月与上海电信签署合作协议，按照试点确立的分工原则，"上海模式"正式启动。

作为新媒体，IPTV 最初遇到的阻力来自对内容运营的播出安全管理。上海 IPTV 自启动以来经历了诸多重大事件，比如中共十七大、汶川大地震、2008 年北京奥运会。用广电总局的评价来说，重大宣传报道"无一播出事故，充分体现了平台'可管可控'的优势"。这也成为广电系统此次与电信争夺"三网融合"政策博弈中的一大筹码。

"现在关键是市场竞争力，内容运营和互动体验的创新竞争力才是最大挑战。"一位资深 IPTV 人士表示，就如移动联通如何让用户不退网一样，上海

IP，颠覆电视？

IPTV 最终的生命力也在于创造新的内容和服务体验创新，让用户不退户。这并非国家政策能给的。

谁在主导

然而，为了实现"可管可控"，IPTV 由广电主导推进，但载体是电信企业的网络。这使得 IPTV 运营商在广电与电信之间角色尴尬，甚至有"广电汪精卫"之称。

IPTV，又被称为基于宽带的网络互动电视，原本是一种基于电信部门的增值业务。但通过上海模式，中国广电系统实现了对内容的主导，电信则变成了网络提供商。

双方合作初期矛盾不断，但仍磕绊前行。"双方在增值业务发展、业务审核流程等方面，经常就一些细节问题研讨，也有争议。"接近上海电信的一位人士透露。

一位资深 IPTV 人士表示，由于广电对于电信的平台依赖性太强，上海文广一直有危机感，担心电信才是 IPTV 的真正市场主体，一旦政策放宽就要踢开广电自己干。

事实上，电信从未放弃对于 IPTV 的实际主导权，在很多农村和二三线城市，各地电信绕过广电系统的内容集成牌照方，自主做了很多 IPTV 尝试。

但至少在此次宣布的三网融合政策中，电信企业并未获得内容集成和运营资格，即决定在平台上能播什么、怎么播、何时播等，甚至连制作权也没有突破广电内容管理的核心领地。

一位地方电信企业负责人向本刊记者表示，政策给的是电信最不擅长也最不想要的东西——制作权。实际上，内容制作早在 2004 年已经放开，但仅限于影视剧产品，新闻资讯内容制作权仍紧收在广电系统内部，此次针对电信放开的制作权也在此框架内。市场上制作公司如今多如牛毛，有的连员工工资都发不出。

不过，无论谁是真正的主导者，有着两个"父母"的 IPTV 仍然在实质上实现了广电和电信的"双向进入"，并成为其对抗互联网视频的主要力量。上海文广与电信已着手联合研发 IPTV 行业标准，未来通过中间件，IPTV 业务网可安全对接下一代互联网、下一代通讯网和下一代广电网（NGB）。这将解决三网融合后电视覆盖互联网用户的问题。

在这种合作中，电信网通过传输视听业务，增加了宽带的黏性，提升了网络价值；广电则增加了电视节目传播渠道，既扩大影响力，又可获得版权收益，并从电信增值业务、可视通讯等业务收入中分成。知情人士透露说，目前电信广电在 IPTV 上收入上采取分成制，大多数地区的分配比例为：增值服务上电信六成、广电四成；在内容和运营收费上，电信四成、广电六成；"有的地区还是五五分。"

但随着电信 3G 牌照的发放，IPTV 迎来了与电信自身增值业务的正面竞争。由于市场规模偏小，投入不足，网络带宽有限，个别试点省市 IPTV 清晰度不高、互动性欠佳，与互联网相比差距很大。对此，一位 IPTV 专业人士表示，解决的途径是：第一，跨地域发展，扩大用户规模；第二，加大对 IPTV 研发资金投入。第三，探索"三屏融合"整合运营，让内容运营商为通讯终端用户提供服务。这将为一些相关产业链发展打开空间，比如，文化创意产业、电信增值产业、系统技术、网络终端产业、设备技术商，等等。

地方广电之争

上海 IPTV 的跨区域发展一路走来并不顺利，"广电四级办"体系弊端暴露无遗。所谓四级办，即中央、省、地市、县四级办广电（办台、办网、办覆盖）。国家广电总局一位人士称，广电网络分割分散的局面，已成为限制广电产业发展壮大的重要因素。

从 2005 年开始，刚刚试水的 IPTV 陆续遭到了多个地区广电的强烈反对。"地方有线的利益之争早在卫视'落地'问题上就现端倪，IPTV 只是地方利益纷争爆发的一次导火索。"一位湖南广电企业人士透露。

地方冲突始发于哈尔滨，2005 年，上海 IPTV 与网通合作，打入哈尔滨。知情人士称，当地广电部门连夜赶往北京投诉，虽然最后在广电总局协调下暂时压住矛盾，但双方仍然冲突不断。上海文广和 IPTV 领导不只一次去东北

"灭火"，被半夜灌倒在酒桌上。

最激烈的是 2005 年 12 月的"泉州事件"。泉州广电对上海文广 IPTV 进入极为排斥，直接以电视轮播声明的方式直指百视通网络电视业务在该地区非法，明令予以取缔。本刊记者获得的泉州广电当时下发的用户通告称，上海文广百视通旗下单位"未取得《信息网络传播视听节目许可证》"，"其权益不受法律保护"。并重申，"泉州市属及其各县（区、市）广播电视部门是经国务院广播电视行政部门批准的、泉州市唯一具有传播广播电视节目职能的合法机构"。

之后不久，2006 年初，浙江广电也委婉地拒绝了上海文广百视通："即使具有在全国范围内开展 IPTV 业务资质的单位，要在浙江省范围开展业务，也必须经地方各级广播电视行政部门审核，并重新得到国家广电总局认可。"类似冲突，在其他地方也时有发生。

目前，上海百视通在上海的用户近五年来每年以年复合增长率约 75% 的速度快速增长，已从 2005 年的 10 万发展到现在的超过百万用户，且几乎没有退户者。但在全国其他地区的跨区域推广上成效不彰。例如泉州地区，至今仍难以再继续推广和发展新的用户。在浙江，上海文广的 IPTV 除了在酒店和台州地区，基本未进入公众有线电视用户领域。

有线网机会

对于 IPTV，未来最大的挑战还是下一代广电网（NGB）。在三网融合政策出台前后，广电系统上下对于筹建 NGB 方向已定，一旦这张网建成，"纠结"在广电和电信之间的 IPTV 是否还有发展空间，向哪个方向发展殊难料定。

"这次三网融合的核心就在于推进广电网络整合，实现网络规模化，打破行政区域的制约。"一位资深广电系统人士称。

事实上，IPTV 的发展让各地有线网络纷纷看到了互动电视的未来方向，并普遍认可跨区域资源整合的重要性。对此，上海百视通人士称，IPTV 将与有线网差异化共存，能够先在有线网上进行跨区域整合是好事。

2009 年 6 月，中共中央政治局常委李长春在上海明确提出，文化体制改革和文化产业发展要"走出去"，要推动地方有线网络、广播电视跨省市合作。

"这个过程，必须先整合再改造，改造要做好，必须统一规划，有好的技术团队去做。有线网过去一个县一个网，不符合产业规律，让其改造和推广业务都不行。"一位熟悉有线网运作的人士称。但突破地域限制并非易事，上述人士介绍说，有线网一般都受到地方政府支持，包括提供财政支持和各种补贴。

目前，由上海东方有线推出的 SITV 互动服务平台也已上线。在目前的最新界面中，有互动娱乐、金融财经、上海生活、自助服务、行业视窗、电视广播六大板块和超过 30 种增值服务项目，包括订票、炒股等。例如病患可以实现与医生一对一互动咨询；股民通过遥控器在电视上输入股票代码，可查询个股即时走势；上海人可以和内蒙古人南北对弈；等等。

上海广电系统内对有线网与电信网的竞争关系，以上海的一条主干道"杨高路"做比。如果说电信网是杨高路，那么广电就是在旁边同一个路径再建一条新杨高路作为高速公路，网络带宽更宽、效果更好，地方政府则会获得更多投资回报，再促进有线网发展。

整合者浙江华数

截至目前，已有杭州、上海等八个 NGB 运营商获准首批试点运营。

2009 年 7 月 31 日，SITV 与全国 20 余家省市网络公司共同签署了全国下一代广播电视网战略合作协议，包括中国有线、歌华有线、广东、四川、太原、成都等在内的省、直辖市网络公司。当日，科技部、国家广电总局和上海市还正式签署了"中国下一代广播电视网（NGB）建设示范合作协议"，上海试点 50 万用户。

但业内消息人士透露，有着 IPTV 与有线网双重身份的杭州华数将战胜上海，成为全国 NGB 总公司建设的主要牵头人，因为它有更成熟的交互电视运营经验及跨区域整合能力。

IP，颠覆电视？

此前杭州华数正式受广电总局委托，承担"国家数字电视开放实验室"的建设和运行，以及建设国家下一代广播电视网（NGB）融合业务创新实验室，这是在中国提出 NGB 战略后设立的首个国家级实验室。

目前，杭州华数既有电信 IPTV 业务牌照，也有广电有线网业务牌照，业务许可范围几乎覆盖了所有电信和广电系统：可进行固定电话、移动电话、Wi－Fi、WiMax、宽带业务、有线电视、数字电视、移动电视、地面广播电视等业务。

在数字电视业务方面，目前杭州华数的数字电视基本收视费 21 元/月，互动业务 35 元/月，宽带业务 98 元/月，综合业务 ARPU（每用户每月收入）在 60 元以上。华数副总裁沈林华告诉本刊记者，交互电视的市场规模，最终将达到现有有线电视用户的 30%。中国目前共有 1.6 亿余有线电视用户。华数已与全国北京、重庆、陕西、安徽、云南、新疆、河北、武汉、厦门、福州、南昌等 20 个省份百余个城市广电网络建立了联合运营战略合作伙伴关系，提供内容、系统平台和交互电视服务。

这种集于一身的杭州模式，引发了业内关于"垄断"的批评。在互动电视发展较为成熟的美国，广电两种互动业务分属不同网络平台，被认为有利于竞争和促进交互电视的发展。

华数为 NGB 开发了 60 多种业务。公司资料称，基于 NGB 的华数全媒体互动电视服务将以搜索引擎为基础，把互联网的信息通过抓取、筛选过滤后，与华数互动电视的内容整合，打通数字电视网与互联网，开创通过文字、图片、音频、视频、监控等多种媒体形式综合展现的全新服务模式。

这也意味着华数有可能通过 NGB 掌握播控平台，提供有线电视频道或数字电视频道的播控。此前，上海百视通和上海文广互动的播控平台仍由上海广播电视台掌握，而非上海有线网。

对于跨区域整合，杭州数字电视公司常务副总经理沈林华认为关键在于当地广电想不想干，有没有看透这是三网融合大势与电信竞争的必然。"如果看透了就肯定要做。"沈林华对此颇具信心。

NGB 的推进将推动着有线网络运营商向网络电视台演变，而在此过程中，华数背后的股权结构和整合路径颇引人关注。

"有线网与广播电视台不同，各地有线网的股东结构特别复杂，已经掺杂了各种资本，还包括歌华有线等数家上市公司。"一位熟悉有线网业务的人士透露。

杭州华数从一开始就有着复杂的资本组成。杭州网通、杭州数字有限公司、浙江华数传媒有限公司，分别代表了杭州互动电视的三大运营主体。杭州网通是 IPTV 的市场推广实施主体，杭州数字电视有限公司市场运营主体，华数传媒是基于两者成立的真正市场化运作企业，于 2005 年 5 月新成立。三者实质上是一套班子三块牌子。

其中，杭州数字电视有限公司由杭州广电局有线电视网络中心、西湖电子集团、杭州日报社、杭州网通信息港有限公司、杭州国芯科技公司共同出资 1.5 亿元组建，广电绝对控股。

杭州华数的各大组成部分，包括了互动电视产业链的各个环节，包括网通（网络运营商）、广电（内容提供商）、市政府（市场推动者）、企业（产品供应商）和报社（新闻舆论）。杭州数字电视的发展，实际上是将有线网与各资源方、利益方紧密捆绑，融合各方利益，这将有利于为其未来扫清障碍。

在一位杭州华数高层看来，在跨区域整合上，突破地方利益的办法很简单，就是继续吸纳利益方入股。比如浙江与江苏有线网打通，共同入股，两张有线网估值后确定股比。在业内人士看来，这种模式将为未来民营资本涉足增加了可能性。不过，截至目前，杭州华数在各地的战略合作还尚未触及资本层面。

较难整合的是业务层面。一位接近华数高层的人士称，基于节目运营的整合模式，难度很大。比如浙江卫视节目好还是江苏卫视节目好，很难评估。

真正建成全国一张网，还面临人员整合，这是最大阻力。"资本能解决，人员难解决。"一位业内人士举例说，比如最起码的领导任命问题。上海电信是由中国电信任命，中国电信领导由国资委任命。但地方有线网，比如华数都是由股东任命；地方电视台领导则由地方政府任命。"如果以节目运营进行的整合，让浙江去任命江苏台台长，不是很奇怪吗？"

（2010 年 02 月 20 日《新世纪》）

对 IPTV 增值业务发展的几点思考

灯少

对于 IPTV 产业而言，承载于其上的视频业务和增值业务是相辅相成，互相依存的重要部分。就产业发展而言，视频业务是 IPTV 发展的敲门砖，以视频这一最为用户认可的业务切入，以改变用户观看时间束缚的功能和丰富的视频内容来扩大用户规模。为产业发展奠基。而在用户规模的基础之上，增值业务通过满足用户提供更多的休闲、娱乐、生活需求，通过增值业务的多元性和细分化，构筑产业用户的长尾人群，既进一步的黏稠用户，又沉淀出用户的高消费人群。进一步提升 IPTV 的产业价值。

中国的 IPTV 产业在 2008 获得了较大的发展，形成了产业拐点，据流媒体网统计，截至 08 年底，国内用户数已经超过 260 万，上海，用户规模达 74.5 万，已具备增值业务发展的用户基础。整个产业，也将逐步由业务探索进入到价值呈现阶段。

本文将主要结合目前 IPTV 增值业务的一些发展现状，从以下三个方面对增值业务市场作一梳理。

一、业务发展思路：抓大放小还是求全责备

中国 IPTV 增值业务的发展历程一直以来还属于计划经济，而非市场主导。

产业初期（过去）：以增加自身的产品竞争力为目的，系统厂家承担了引进增值业务商（简称 SP）的职责，电信运营商在此阶段缺少自己的发展思路。那个阶段的很多 SP 已经成为先烈。

产业中期（现状）：随着电信运营商对于 IPTV 的理解深入，随着广电牌照商和电信运营商的职责划分，电信开始直接主导 IPTV 增值业务的开发和业务发展。但由于电信涉足太深，干预太多，反而在一定程度上阻碍了增值业务的发展，束缚了 SP 的活力，使很多 SP 陷入进退两难的状态，市场表现为得势不得分，最终反过来影响到了电信自身对增值业务盈利的困惑。

产业后期（未来）：电信掌握平台，制定 SP 技术规范和运营规则，引导 SP 业务方向，不干涉 SP 具体工作，配合 SP 做好市场宣传，双方共同分享业务收入。甚至在一定程度上优先让利于 SP。

IPTV 增值业务的组成将是多元丰富的，其最终目的是满足用户娱乐，休闲的生活享受。因此，如何使业务设计最大化的贴近用户需求，是决定增值业务商能否更好发展的前提；如何实现增值业务价值，则需要的是激发 SP 的参与热情。这不仅仅是利益上的驱使，更要给予 SP 充分的发展自主权。

小结：在电信 IPTV 的增值业务上，应该确立抓大放小，国退民进的正确发展思路。电信应明确自身的产业定位，充分发挥自身平台的聚众效应，充分借鉴移动运营商发展 SP 业务的经验，而不应求全责备，事无巨细的参与。

二、业务收入思考：虚拟币思路

单纯从 IPTV 的收入来源来看，分前向（用户）和后向（广告主）两类。而且在业务的发展过程中，两者关系是彼此依存，互不可分。

从上海电信现今的增值业务的收入来源来看，主要还是后向收入：SP 的频道运营费以及广告费，前向收入上收入微薄。但这也符合增值业务的收入规律。

从 IPTV 业务的收入增长趋势来看，前向收入的细化挖掘需要时间和市场的培育，取决于用户消费行为的提升，取决于业务是否满足用户需求，取决于资费的设计人性化诱导。电信运营商对于增值业务的前向收费要有正确的定位，避免涸泽而渔，过度看重短期收益，最终损害的是业务的发展未来。应该把精力更多放在前后向充分结合的价值体现上。

电信运营商在增值业务的前向收费的上大多采用的是包月收费的形式，结合产业发展，这样的形式还可进一步深化：

1、纯包月业务只适用于具备差异性，独特需求的针对业务，而不适合所有的增值业务。

2、要充分考虑部分增值业务的他平台竞争。尤其是娱乐性业务，如游戏。IPTV 的用户体验还缺乏足够的吸引力和黏稠度。

3、增值业务的组成将是长尾，多元化的，因此要考虑如何更好的打通彼此间的往来。而单纯的业务包月会束缚用户的流动性。

4、从人的价值实现本性考虑，增值业务，如能从满足用户休闲，娱乐需求切入，并为用户创造一个投入价值再实现的环境和机会，可以激发用户的参与热情。

因此：建议可在增值业务发展中间引进虚拟币的发展思路。

虚拟币的来源（游戏积分、付费业务的比率兑换、开机时长的比率兑换、每月消费超出一定额度的积分奖励等等）

虚拟币的出口（以积分兑换奖品，兑换业务使用费，参与有奖问答、投票，参与线下活动，兑换商城购物等等）

1、用户可以通过虚拟币形成付出————收获的流动增值圈，使用户把单纯的付出变成投资增值的行为，通过虚拟币最终可实现的奖励，来激励用户有更多的积极性参与IPTV各项业务。

2、借助虚拟币，打通增值业务和视频业务等各项业务，使用户的流动性更高，可以产生更多的消费机遇和价值

3、可以把现有的一些促销活动，如开机8次免月租，逐步转化成以虚拟币的多少来优惠，从而培养虚拟币的使用基础。

4、以虚拟币作为代币，可以缓解用户的消费戒备心理，能更好的促进用户消费力增长。

5、建立虚拟币的价值体系，为用户创造更多的虚拟币的消费活动，激发用户的虚拟币需求，形成良性的循环。

小结：IPTV的本质是互动，这个互动不仅仅是业务的表现形式，还可以是用户的消费心理。虚拟币的运营思路，在于充分激发用户的逐利心理，虚拟为用户的付出创造一个回报的模式，满足用户在虚拟世界的价值体现，调动用户参与的积极性。而用户参与度越高，IPTV的价值也就可以更好的体现。

三、业务形态思考：天时地利人和

1、增值业务之天时篇————顺势而行

从IPTV的增值业务来看，我认为应该把其分成独立型业务（人机互动）和配合型业务（人人互动）。并根据产业发展的不同阶段，予以分步实施。切不可一股脑全搬上电视，因顺势而为。

我们建议现阶段以人机互动的独立性业务为主推业务，如信息类服务、证券业务、卡拉 OK、网上支付、投票、教育、单机型游戏等，用户可独立使用并满足用户某方面需求的服务。至于人人互动的配合型业务可予以关注，但不是现阶段可推广的业务，如视频通话等，除非拿来做秀。

以视频通话为例，虽然用户对于该业务都抱有很大的期望，但实际上用户的理解和实际应用间是存在着一定差距的。视频通话需要满足的是用户间的互动，但要使用户满意，就必须保证用户对外通话的另一方也在使用 IPTV，否则用户装了，却发现无人可沟通，那这样的业务就是摆设，作为用户不会去探究深层次的原因，只会关注我能不能用，好不好用，如果满足不了，那么对 IPTV 的负面影响就会产生。

而且现在很多人对视频通话的应用理解更多是想把他放在和异地以及海外亲戚的沟通上，如果只是同城，需求不一定大（和费用也有很大关系）。因此，这类业务，如果在用户规模和普及性没有到一定基础上，不要轻易推出。

2、增值业务之地利篇——因地制宜

随着业务面向的地域的不同，在增值业务的指导思想上需是充分结合当地的实情来予以运营。

（1）从业务形态来说：并不是每一项业务都符合在各大城市复制。而要充分考虑各地的实际情况，因地制宜。

举例：如电视挂号或视频看房等业务，适合在一线大城市发展，因为地域广，时间成本高，可以形成用户的需求，但如果在二三线城市，地域空间小，用户的需求便不会显得那么迫切。业务的必要性大大降低。

（2）从业务发展来看：IPTV 是地域化的业务，无论是内容还是业务的选型，都要结合本地特色，否则便是淮南为橘，淮北为枳。白费功夫

举例：棋牌类游戏，必须调研当地用户的娱乐习惯，本地化定制，如杭州麻将，成都麻将等等

（3）互联网业务的同城化选择：互联网的业务模式是面向全球用户的，而 IPTV 的业务模式是面向当地的，因此，互联网的业务并不适合悉数照搬到IPTV。最适合 IPTV 上借鉴的互联网成熟业务是可以同城化的业务，如婚恋或交友网站等。

IP，颠覆电视？

IPTV 增值业务，平台可以统一化，但运营必须本地化。本地化运营，是 IPTV 业务的运营核心。他不仅仅针对增值业务，也针对 IPTV 所有业务以及关系到业务收入。

3、增值业务之人和篇—— 随需而变

增值业务是需求推动型而非技术主导型，因此 IPTV 业务发展的关键在于贴近市场，根据用户群体和市场的需求而推出相关的业务和内容。随需而变

（1）发挥 SP 的市场敏感性，以业务收益为衡量标准。

现在的增值业务的选择过于强调技术性，但实际上很多获利的业务可能对技术并不高，只是一个满足了当前市场需求的 IDEA。

如基于 IPTV 的彩铃下载等技术含量低但收费空间较大的业务

（2）结合用户群体特性，进行业务设计。

如针对低幼学生的教育类业务，需要考虑孩子的自制力特性，变传统的教学式为寓教于乐式。针对成人的教育，可以职业教育为主，并针对一些特定事件，开展业务设计，如考研等

如电视短信业务，如果是停留在让用户自己写短信进行发送，那是没有发展前途的，但把短信由业务运营商事先根据用户需求来进行文字设计，用户只需要做选择发送，那便会大大提高用户使用率。

（3）服务性业务的社区化需求

IPTV 业务的发展是以用户的需求为指向的。而随着 IPTV 的拓展，未来的业务会逐步形成社区化特征。SP 可以以社区为范围，挖掘组织社区内的合作伙伴，来设计相关业务

如联合社区范围内的酒店、商店、影院、娱乐场所，以 IPTV 为平台来为用户提供近距离服务。

小结：穷则变，变则通，通则久。在合适的机会推出合适的业务属于知天时，在具体的城市环境推不同的业务谓懂地利，把握不同消费群体需求完善不同业务就是明人和。只有多结合实际情况来做更多探索，IPTV 才能真正赢得用户的认可。

结语：IPTV 产业发展是一个从量变到质变的过程。这也是增值业务发展的前提。

增值业务不是简单的照搬也不是虚拟的想像。不可唯技术论，而要唯用户说。

中国的 IPTV 产业还处在发展中，IPTV 增值业务亦会是一条光明而曲折的探索之路，先驱和先烈并存的探索之路。本文仅从个人视角出发，对其发展提供一些思路，抛砖引玉，希望能促进产业的更好前进。

（2008 年 9 月 8 日，见"灯少的 IPTV 世界"博客：http://blog.sina.com.cn/iptv）

三网融合双重驱动下的迷茫

灯少

中国的地域特色决定了三网融合的发展不可能只有一个模式，必然是百花齐放，现在各地的试点、非试点爆发的地方部门博弈，其深层次都是为了在这个不可知的牌局上先增加自己的筹码来应对未知的变化。

三网融合元年，我们看到更多的是政策迷局、部委博弈、业务迷雾、运营迷惑下的无所适从。

三网融合，给产业带来了喧哗但缺失我们期待中的繁荣。

一、三网融合的政策迷局

中国的三网融合是政策推动的产物，在实施过程中又分为了宏观政策和具体执行两大阶段。从表面来看，工信部和广电总局的利益之争构成了目前三网融合错综复杂的局面。但实际上，最后决定三网融合走向的真正推手是国务院和地方政府。

国务院的作用在于宏观政策和产业走向的确定，具体表现在5号文、35号文的发布。但随着试点城市的明确，国家层面的推动作用已经基本完成，而从国内各行业实际工作动向来看，虽然目前国家主管部门主导三网融合整体的工作框架还在不断细化之中，但强大的市场动能已经等不及这一框架的梳理和细化了，各试点地区和非试点地区已经在积极开展三网融合的前期准备工作或者部署工作。国内三网融合市场已经实际启动了。

而且，由于中国地域广阔，各地经济发展情况不一，因此国家在三网融合试点方案上的所推出的明确的细化方案也不一定适用于所有试点地区。国家层面的重心将会更多地聚焦于各地的运作时间表、融合试点的效果反馈以及下一步试点推广的指导性方面。

地方政府将成为三网融合发展的真正推动力。从各地收集的信息看，国内三网融合不可能有一种权威的模式得到各方广泛认可，各地区和各部门都是在自身原有基础上，根据本地特色在设计适合自身的三网融合发展模式。

政府主导的关注点在于政绩，以及对地方经济的拉动，因此试点城市的大企业，如绵阳之长虹、九洲；青岛之海信、海尔等本地企业会成为这轮中的受益者。同时，地方政府还将起到协调地方广电和电信两大融合主体的作用，使之能更好服务于地方经济。这对于现在微妙的部委博弈将起到更多的调和作用。

因此，中国的三网融合能否顺利有效的延续，关键在于地方政府，而地方政府主动参与下所呈现的三网融合实际效果，则将反向推进国家政策的进一步延伸。

实践出真知，相信到2012年，中国最终的三网融合政策和现在所颁布的将形成较大的差异。在市场为王下，能真正经历住市场考验的融合试点方案才会是第二阶段三网融合的发展模式。因此，产业各方现在无需再过度期待政策了，而是应该以实际行动助力地方来打破目前的僵局，须知，中国的政策变化向来都是自下而上推动的。

二、三网融合的部委乱战

三网融合是新事物，广电总局和工信部作为行业主管部门，各自的利益之争是导致现今三网融合混沌的主要原因之一。

1、广电总局：得天时，缺人和

国家为了平衡两部委的竞争架构，在政策的定位上给予了广电一定的倾向性，但由于广电长期以来的体制包袱，在还没有真正理顺自身治理架构的如今，三网融合的推进反而进一步加剧了广电的变革压力，尤其是时间压力。使得广电陷入了一个内外交困、双线作战的处境。

于是广电不得不一边加速省网整合的进度，推进国家有线公司的布局以及高清、互动业务；一边利用其作为国家喉舌的监管职责，利用播控平台建设的机会，通过放大播控平台权限的手段，采取政策手段对电信IPTV等业务进行有限的束缚，在短期内连续发布了344号、357号文，对IPTV播控平台进行了细化，期望起到一石二鸟的作用。如果电信认同，则广电可以将电信仅定位在传输层面，让电信成为广电的管道商；如果电信不认可，则可以借此延缓电信IPTV业务的合法发展速度，为广电争取更多的时间。

IP，颠覆电视？

但广电总局缺乏对地方广电的真正有效的管理，其所制定的政策往往和地方广电实际发展相脱节，甚至成为影响地方广电发展的干扰者，就如播控平台的推出，就提前激化了省市台间、网间的矛盾，而主弱从强的现状则成为广电最难协调的矛盾之一。因此广电发展最大的问题在于内忧而非外患。三网融合对于广电的发展，现在来看，可能是在不恰当的时机被推上了风口浪尖。

2、工信部：得地利，促规模

反观工信部对于三网融合其实并没有像广电总局那般大动干戈。因为工信部所管辖的业务范围太广。通信只是其中一块，而不像广电总局，是唯一的主营。

通信运营商在三网融合进程中，虽然没有在政策上获得有利条件，但在市场竞争中，较好地抓住了时间差这个重要的因素，采取了坚定不移的发展策略，来抗衡广电的政策优势。

在IPTV业务上，进一步扩大发展速度和用户规模

这一次的融合格局，给电信最大的警示就是用户规模的话语权地位，尤其在上海、江苏、广东等IPTV用户最多地区表现的最为明显。因此无论是从宽带压力考虑还是从业务本身角度来看，IPTV的重要性再度被重视。而从近期笔者的调研来看，各地的IPTV用户增长明显加速。截至2010年底，全国IPTV用户接近800万，其中中国电信IPTV用户达668万。

在宽带业务上，利用市场手段提升竞争门槛

产业IP化、互动化是三网融合的核心，宽带竞争则是广电和电信的竞争焦点。广电总局期望借助国家有线网络公司的成立、NGB网络的顺利实施，打造一个电信级的全国性的垂直运营实体。并且以网台联动的名义，为该网络捆绑上最具竞争优势的内容资源，从而和电信一较高下。

而作为电信，充分把握了广电总局的计划和市场脱节的弊端，优先从宽带建设的提速上下手，拉大和有线网络公司的带宽差距；并且利用清理全国性宽带乱接入的机会，对没有宽带出口的有线网络公司形成了一定的打压。更是使得双方博弈加剧。

3、趋势：竞合是主流

由于中国特殊的国情所限，三网融合隶属两大部委，需要双方携手推进，但实质缺乏一个统一的监管机构对其进行监督，导致部门利益干扰融合进程。而且现今三网融合发展的具体形态没有一定之规，更多需要结合地方实情，摸着石头过河，于是，在合作模式不明朗的情况下，两大主体先期通过打压

对方的弱点，提升自己的产业话语权，为自身在后续融合进程中掌握更多主动权，成为了彼此心照不宣的行为，因此也导致了今年此起彼伏的竞争事态。

但竞争只是推进融合的手段，截至下半年，在不少地方，已经出现了广电和电信携手合作的探索尝试，无论是划区发展，还是合资共赢的手段，都将真正对三网融合的实质发展产生更大的推动。2011 年，相信在各地方层面会出现更多的合作案例，其动力将源于市场，而不是政策。

三、三网融合的业务迷雾

三网融合的推进将给整个产业带来新兴的发展机遇无可置疑，但掺杂了政治监管和利益博弈之后的业务格局则是一团迷雾。令人看不清晰，其中尤以 IPTV 和互联网电视为甚。

1、IPTV 和互联网电视的定位之惑

参照国外 IPTV 和互联网电视的发展轨迹来看：

IPTV 是基于运营商主导的虚拟专网上的端到端的运营，内容来源以自有为主，因此在高昂的内容和 QOS 成本下，必须更多考虑基础费用 + 增值收入等收入模式；

互联网电视则是基于公共互联网的视频业务，内容更多源于网络，没有过多的内容成本压力，其商业形态更加开放，产业链的任一角色都有可能参与运营。

两者之间其实构成了一种互补的关系。

但在国内，互联网电视的发展完全是在家电厂家大势难挡的情况下，广电总局期望顺势打造一条完全摒弃电信运营商的广电可控的视频新媒体道路情况下产生的，其出发点并不完全是市场运作角度，因此互联网电视的诞生始终伴随着一系列严格的监管政策。这也成为其先天的市场缺失。

从市场角度来看，目前互联网电视和 IPTV、互动电视间只是被人为从政策监管角度进行了简单划分，不符合市场实际，形成了彼此的定位缺失，难以形成有效互补，而是构成了混沌的竞争乱局，甚至小形成了左手打右手的混仗。

IPTV 和互联网电视究竟该向左走？向右走？还真是个谜局。

但如果还是遵循现在的监管引导一切的发展步伐，那么这个产业始终将低位徘徊，而互联网电视则将有可能只是丰富了电视机形态，而难以成为一个可自行发展的产业。

2、IPTV 和互联网电视的融合迷局

参考广电总局的互联网电视规划，其应该是依托公共互联网屏蔽电信运营商的利益瓜分，依托牌照监管制度打消家电厂家的运营主导野心，构建广

电体系完全可控的新产业链。但随着互联网电视的深入发展，由于广电自身缺乏计费和用户营销两大渠道，如果不借助电信运营商，其道路势必将越走越窄。

但引进了电信运营商的合作后，尤其在互联网电视的机顶盒模式形态中，其和传统 IPTV 间的差异性越来越小。两者的融合趋势随着发展也将越加明显。

也许在国外互联网电视可以是独立的产业，但在国内的意识形态局势下，互联网电视机顶盒模式面临的只会是与 IPTV 同样的监管和内容问题，举步亦维艰。

个人觉得，中国的互联网电视将呈现两个走向：

1、家电厂家将在越来越严格的监管体制下，逐步调整在互联网电视上的策略，而会加大"智能电视"的概念，来规避和突破广电的政策束缚，尝试自身在电视互联网化上的话语权；

2、随着互联网电视产业中电信运营商的参与，互联网电视和 IPTV 间将逐步形成融合，两者业务趋同，构成现有 IPTV 的重要部分。

而互联网电视对于两大部门来说，会形成以下困惑：

1、电视台：互联网电视对其的商业模式在哪里？竞争力在哪里？

2、有线公司：如何避免互联网电视成为又一项继直播星后来自内部的大杀器？

3、电信：IPTV 和互联网电视间如何抉择？

IPTV 的发展已成趋势，也许多年后回看，互联网电视只是 IPTV 发展历程中的一个阶段，两者逐步融合，并随着三网融合的深入进展，进一步融合广电互动电视业务，三者间最终演化为类似 HBB TV 的发展新形态。只是目前我们都身处迷雾中。能看到远处希望，而道阻且长。

四、三网融合的运营迷惑

三网融合来了，但该怎么做，一直都还处于迷惑状态。其中包括运营主体的迷茫，以及运营模式的困惑。

1、广电台间矛盾激化

广电四级办台，是广电体系在特定的历史时期所形成的格局，虽然充分发挥了电视内容本地化属性的特点，但也导致了地方分割的松散格局，彼此有竞争而少合作。因此随着三网融合试点城市播控平台的推出，引发了电视台播控平台之争。

省会试点城市，播控该建在市台还是省台？非省会试点城市，是该建在该市还是省会城市，林林总总，都在某种程度上激化了地方电视台之间的矛盾，尤其是省台和市台的竞争加剧。而这也引发了电信选择合作主体多元化所将面对的广电内部阻力。

2、广电网台取舍难断

三网融合把广电有线网彻底抛向了市场，也使得网络面临了生存危机，因此为了提升有线网络在三网融合中的竞争力，2010年起，台网联动成为广电的新目标，其本质是把已实施了多年的网台分离重新朝着网台合一的方向进行180度大转弯。北京就是首个网台联动的试点。

在这一方面政策走向的不明朗，加大了地方有线对于该分该合的观望。而且广电有线还面临着省网整合的压力。因此，三网融合对于网络有线公司来说，也是个纠结的难题。

一线城市的电视台自身收入有保证，对网络的依赖性弱，而越往下走，电视台广告收入低，对于网络的依赖性更加强，而省网整合和网台联动，势必会导致台网间彼此需求的错位。可以携手做大的台网都想单干，需要互相扶持的却被强行分开。

3、电信多元合作的困惑

三网融合所引发的最大变数在于广电，在于广电局、台、网间分离所带来的格局分化，这为电信运营商推进IPTV业务，带来了多元化合作的机会。

从各地所反馈的情况来看，电信运营商也在积极考虑和广电采取合作、合资等形式，以打破目前的政策束缚。但却面临着究竟该和哪方合作才更有利的困惑，更何况这其中还有央视、文广等非本地广电的参与，更使局势复杂化。

而在不少地区，省不如市的现状和县官不如现管的事实也导致了合作的艰辛。

因此，建议对于电信运营商而言，多元合作固然好，但自身的建设才是根基，合作话语权比的是谁的拳头硬。但可以考虑双管齐下，互为支撑的策略。

IP，颠覆电视？

4、双播控平台的备份之惑

为了更好的掌控国内 IPTV 的发展，广电总局推出了播控平台的双级架构，全权委托央视国际和地方试点城市的广电进行建设，以对电信 IPTV 进行有效监督。

国内的 IPTV 业务发展现已渐成气候，尤其是在一些南方大省，SMG 原有的播控平台和当地电信已磨合成型，且用户小有规模，如果仓促上马新平台进行替换，可能对用户造成一定影响，因此，现在多地都是采取了双备份的方案，即同时具备央视播控平台和百视通播控平台的双备份方案，对于用户也划分为老用户，新用户，采取不同的发展策略。

但从目前的播控平台的发展来看，央视的播控平台现在只完成了广电内技术平台的对接，和电信间并没有实质对接，而且商务合作尚处于停滞阶段，只能说是在规定的时间内完成了播控平台的政治任务，在商业上还不具备可行性。因此双播控平台，谁为谁的备份，还不好说。更何况还有地方电视台虎视眈眈，期望把双方都赶出去。因此，播控平台之争，远不是广电总局靠几纸文件就能掌控的。最终还得市场发话说了算。但对于央视来说，如果依旧拘泥和受制于政策，仅从政绩而非市场出发，可能会失去他们在 IPTV 发展中最后的最好的机会。

5、IPTV 商业模式的困惑

IPTV 的趋势走向已是不争的事实。同时也带来了各地不同的 IPTV 商业模式。

目前来看，IPTV 的发展动力首先缘于宽带压力，其次才是业务自身的盈利。短期内还处于战略性驱动，但随着用户规模的提升，业务自身造血能力也将进一步加强。

这其中，上海 IPTV 是发展的比较成功的，但他除了在合作伙伴上有先天优势外，还有一个优势就在于上海的宽带资费远高于其他省份，因此，上海电信能够投入较大的补贴用于发展用户，带动上海 IPTV 的快速增长。

但反观其他各省，则受限于原本就已经相对较低的宽带资费，难以在 IPTV 业务的拓展中采取宽带补贴来进行优惠的营销推广。因此，也使得电信运营商不得不加大在 IPTV 创新上的积极探索。

提高 IPTV 多元收费，减缓收入压力

由于国内电视节目长期免费，使得 IPTV 不具备香港模式的产业环境，而从目前的低资费向高 ARPU 值转进需要花较长的培育过程，其中节目内容是核心，营销手段是关键，用户规模是基础，增值业务是趋势。杭州华数的电视高 ARPU 值和上海电信的增值业务拓展是值得业内学习和借鉴的。

考虑一体机模式，减缓终端成本压力

电信运营商徘徊于 IPTV 和互联网电视的考虑之一，也在于互联网电视一体机终端由家电厂家承担和推广，可以减缓电信终端成本压力。但在实际的运作中，该模式的合作磨合成本和服务成本或许会大于终端成本，毕竟目前的机顶盒成本正在呈不断下降趋势。因此，IPTV 和互联网电视的平衡点还需要进一步评估

拓展行业用户，深挖高 ARPU 值群体

相比公众用户，行业用户则是一块有待于深入挖掘的富矿，无论是高端酒店还是政企客户，在 ARPU 值的潜力上远高于家庭用户。但拓展行业用户，需要的是专业的运营商来操作，如果电信亲自操刀，则容易犯越俎代庖的风险。

随着国内 IPTV 用户规模的逐步扩大，电信运营商现在应该更深入的考虑 IPTV 商业模式的进化，在战略考虑的同时也要加大业务自身的收益。以使 IPTV 更好的形成自身的发展轨迹。而其中，必须要考虑现有机顶盒由弱转强的升级需求。

国家推动三网融合的目的在于拉动经济，因此三网融合须从产业商业模式角度进行考虑，而不能仅仅把它当成是政绩工程，利益争夺。三网融合要"服从国家利益，服从人民的利益，要尊重科学规律"这两服从一尊重的准则值得产业各方深以为鉴。

小结：双重驱动下的迷茫

早在 1997 年，中国的三网融合就已经被国务院列入议事日程，但直到 2010 年，才真正在政策上获得突破，纳入发展轨道。

早在 2004 年，中国的三网融合就已经在市场上出现了自发的业务雏形，如 IPTV、手机电视，历经数年发展，终于开始渐成规模。

2010 年，属于中国的三网融合元年，国内的三网融合进入了一个市场与政策的双重驱动磨合期。

IP，颠覆电视？

但由于中国特殊的国情和意识形态的存在，三网融合的市场驱动和行政（政策）驱动存在着短期目标不一致的现状，甚至在某种程度上互相牵制。导致两者并行推进、互相影响的情况，而这也带来了三网融合产业现今的混沌未明局面。

正如任何一个新兴产业都必然要经历成长的烦恼一般，中国的三网融合由于其特殊的产业格局和管控，所面临的困难也将更加艰巨，因此，建议产业各方应更充分的结合自身环境，发挥主观能动性，以实际的运营发展来推进三网融合的前行。

所谓迷茫，源于对前途的不可知，而有所收获的必然属于主动探索者。

最后，以一段中国互联网的先导者瀛海威张树新的一段话作为总结：

"深夜，窗外大雾弥漫。在我们开车回家的路上，由于雾太大，所有的车子都在减速慢性，前车的尾灯以微弱的穿透力映照着后车的方向，偶遇岔路，前车拐弯，我们的车走在了最前面，视野里一片迷茫，我们全神贯注小心翼翼的摸索前行，后面是一列随行的车队。"

（2010 年 10 月 18 日，见"灯少的 IPTV 世界"博客：http：//blog.sina.com.cn/iptv）

感谢北京市仁爱教育研究所对本系列丛书出版的大力支持